健康氣

的 星級料理

作者｜陳秉文　攝影｜楊志雄

作者序

健康氣炸鍋，料理的好幫手

大家好，我是陳秉文老師，使用飛利浦健康氣炸鍋烹調料理已邁入第二年，這次除了分享各國的氣炸鍋料理外，更配合使用飛利浦專用配件——「氣炸鍋雙層串燒架」及「氣炸鍋專業煎烤盤」讓你在家就能輕鬆做出五星級料理。利用這本食譜，相信你會跟我一樣享受下廚的成就感。

任職於餐飲產業長達十年的時間，以廚師為本職的我時刻與時間賽跑，使用飛利浦的健康氣炸鍋不但讓烹調時間減半，其控時及控溫的貼心設計，使人不用緊盯整個調理過程，可利用時間製作醬汁或簡單沙拉，便利的健康氣炸鍋讓我更享受烹飪的樂趣及過程，誰說廚師下了班就懶得下廚呢？

想像一下，在沒有油的情況下，用空氣取代油膩，這是餐飲的新技術，也是我所推崇的健康料理概念！難處理的雞皮經過健康氣炸鍋的調理，能去除多餘的油脂，並保有酥脆的外皮！這是很多廚師要耗費時間心力才能成就的標準美味，但現在健康氣炸鍋卻輕易做到了！過去，我還在外燴工作時，常需要帶著爐台、炸鍋、炒鍋……等林林總總的廚具，但若有健康氣炸鍋，就能省去攜帶上的困擾，無論是香煎牛排、焗烤帝王蟹，甚至甜點都可以輕易出餐！偷偷跟各位分享，除了外燴活動，參加烹飪比賽也相當適用，在烹飪過程中可隨時拉開把手確認鍋內的烹調情形，不怕食材下鍋時間不對或溫度不夠所造成的問題。

身為專職廚師，長時間吸油煙、油頭垢面是職業傷害之一，會推薦健康氣炸鍋最重要的一點就是它幾乎不會產生油煙，且清洗方便、收納簡單、還能省瓦斯，非常適合居家使用。另外，若家裡有小孩，有火有油的廚房不免會被視為危險地區，但只要利用健康氣炸鍋就不必擔心！喜歡小孩的我曾邊教小朋友做菜邊互動，料理完成後，不用處理廢油，亦不用擔心小孩被高溫燙傷。

現在，就跟著我一起做出一道道環遊世界的美味料理吧。

陳秉文
Bingo

Bingo
WACS

About 健康氣炸鍋

相信很多人第一次聽到「健康氣炸鍋」，都有個疑問——「空氣」真的可以代替油，做出美味的食物嗎？是的，而且它不只能「炸」出香酥美味的各式炸物，還可以減油 80%*，烹煮出好吃又健康的料理，無論是烤、煎、烘焙……都難不倒它！透過本書，你將更深度的了解健康氣炸鍋的多功能，就讓飛利浦健康氣炸鍋帶著你周遊列國、嘗遍各地的美味五星級創意料理吧！（* 指飛利浦健康氣炸鍋與一般傳統飛利浦油炸鍋所烹調的新鮮薯條之比較。）

如何使用健康氣炸鍋

本書食譜主要以飛利浦新型健康氣炸鍋示範料理，便以此做基本介紹。新型健康氣炸鍋共有 2 款，除了提供加大容量的烹飪空間及更方便的操作介面外，更因應多種烹飪技巧推出相關配件，讓你在烹飪時享受更多的料理樂趣！

【皇家尊爵款 (HD9240)】

皇家尊爵款的容量較大，為 1.2kg，若需料理較多食材時，可一次解決，方便省時。 機身正面上方有一片觸控面板，溫度和時間按鍵是分開的，操作起來更容易。

| 溫度及時間調整 |

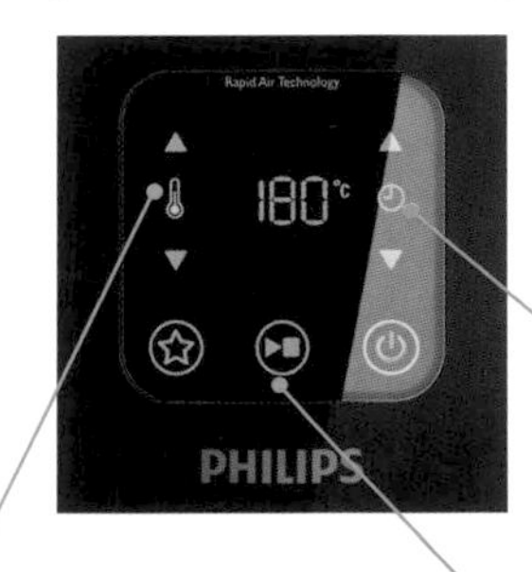

溫度符號

最低溫 60 度至最高溫 200 度，按上下箭頭調整至所需的最佳烹調溫度（按一下增加 5 度，以此類推增減溫度設定）。

開始符號

時間和溫度都設定好後，按下即可開始烹飪。

時間符號

從最短 1 分鐘至最長 60 分鐘，按上下箭頭調整至所需的最佳烹飪時間（按一下增加 1 分鐘，以此類推）。

【白金升級款(HD9230)】

白金升級款的容量為 0.8kg，底鍋可與配件的烤盤交換使用。機身正面上方有一片觸控面板，只要依照烹飪需求來設定溫度及時間即可開始製作料理。

| 溫度及時間調整 |

時間 / 溫度符號

按一下為時間，第二下即為溫度。右側的上下箭頭可調整時間長短(1 ～ 60 分鐘，一次 1 分鐘)及溫度高低(60 度～ 200 度，一次 5 度)。

開始符號

時間和溫度都設定好後，按下即可開始烹飪。

健康氣炸鍋的好幫手 |

氣炸鍋雙層串燒架：可一次串起大量的食材進行烹飪，確保食材不重疊、平均受熱且完成後的料理每一塊皆均勻完整。其雙層的設計，更可增加烹飪空間。

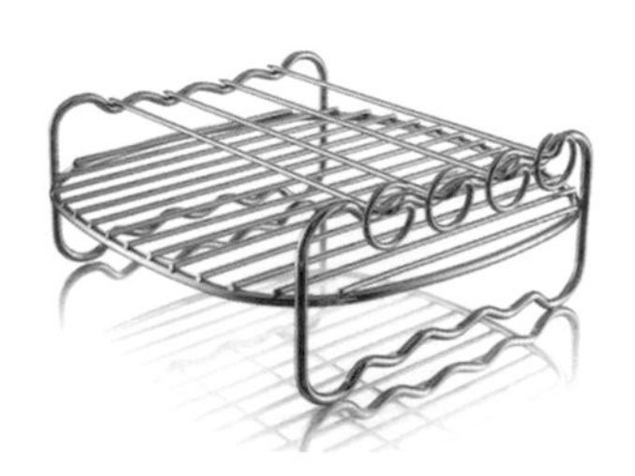

氣炸鍋專業煎烤盤：適用於各式肉排料理，不沾黏的盤面材質使用起來更方便，清潔省時又省力。烤盤本身的條紋設計讓烹飪後的肉排留下完美的漂亮烤紋，添增料理的視覺享受。

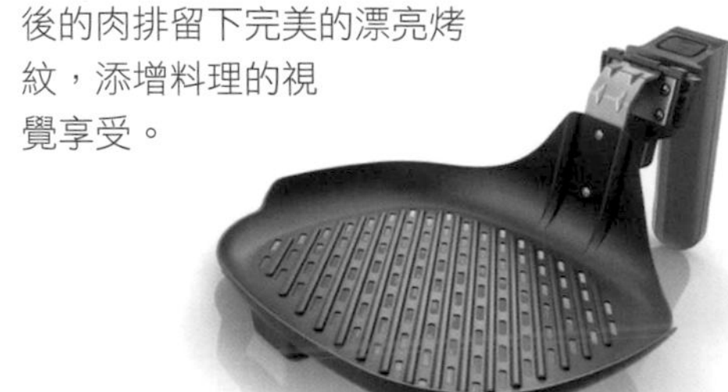

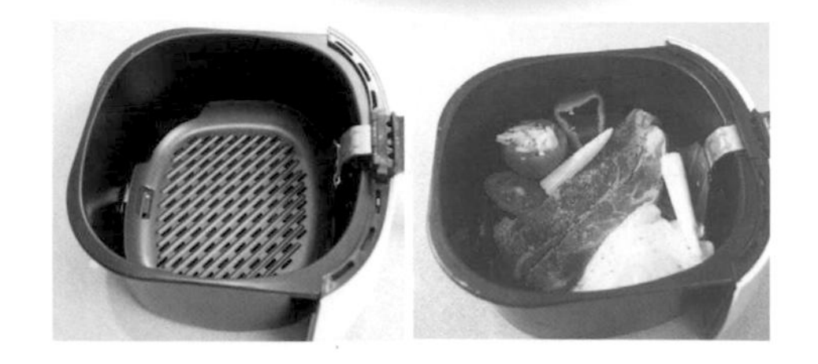

烹飪注意事項

- 使用健康氣炸鍋烹飪時，為達到最佳料理狀態，食材請勿高於氣炸鍋烤網本身的高度，也切記避免多層堆疊，以免影響烹煮後的口感。
- 健康氣炸鍋使用熱渦流氣旋科技，所以不需加入油就能調理食材；為了讓烹飪食物時所產生的水氣和油煙順利排出，建議使用時放在通風處或抽油煙機處進行料理。
- 皇家尊爵款 (HD9240) 底鍋的烤網與外鍋是可分離的，建議烹調後先取出烤網，待外鍋稍微降溫後再使用隔熱手套或抹布取出，避免燙傷。

如何清洗

健康氣炸鍋的清洗就如同烹飪一樣輕鬆方便，只需要拆取底鍋，直接清洗即可！它的底鍋是可浸泡的，不必擔心鍋子碰水易損壞或清洗不便的問題。

| 健康氣炸鍋的清潔 |

底鍋：不宜使用刺激性或腐蝕性的清潔劑，建議先以熱水和清潔劑浸泡底鍋一段時間，再進行清洗。

烤網：烤網側邊和外鍋為不沾黏塗層，請勿使用菜瓜布或鋼刷，以海綿清洗為佳；而烤網因紋路呈交錯格子狀，除了可用海綿清洗，也可搭配軟毛牙刷清理不易清除的死角。

機身：每次使用完畢，待機身稍微降溫後，可用濕布擦拭排風口和渦流氣循加熱處，以便去除藏匿的油垢。

| 配件的清潔 |

氣炸鍋雙層串燒架：待冷卻後，將串架及烤架分解，以海綿沾取少許清潔劑清洗即可；若有食材沾黏，可使用軟毛牙刷清除。

氣炸鍋專業煎烤盤：待冷卻後，以海綿沾取少許清潔劑清洗即可。

異國醬料介紹

歐式醬料

松露美乃滋（B，可參考 p.34）
富有迷人香氣的松露，配上常見的美乃滋，很適合搭配白肉料理。

五味鯷魚橄欖醬（C，p.26）
在普羅旺斯，常用來塗抹麵包搭配餐前酒；義大利人則加入麵食中食用。鯷魚的鮮、蔬果的酸、橄欖的香，交疊出具有層次的滋味。

紅椒醬（E，p.18）
火烤後焦香的甜椒，配上朝天椒的辣勁，紅椒粉的香氣，是款適合海鮮料理的沾醬。

塔塔醬（H，p.32）
源自法國，搭配油炸類或海鮮料理都相當對味，其中的酸黃瓜、洋蔥可以去除炸物的油膩感。

義式綠莎莎醬（M，p.16）
利用九層塔的清香與重口味的蒜，綜合了辛辣感，是款充滿香草氣息的醬汁。適合搭配鮪魚、燉飯、麵食類料理。

美式醬料

辣雞翅醬（I，p.46）
以辣椒為原料的醬汁，有別於傳統增添了柳丁汁，微辣中透點清爽，適合搭配雞肉料理。

BBQ 醬（J，p.50）
以柑橘以及辛香類調味料調製出的 BBQ 醬，特別加入威士忌增添酒香。品嘗燒烤料理時，不妨試試。

日式醬料

土佐醋（A，p.96）
是搭配各種醃製物的基底，可做醋拌或涼拌。柴魚的鮮味使醋汁變得柔和。

本燒醬（L，p.80）
有點類似西餐料理中的奶油白醬，但多加了香菇、蟹肉，便成了日式風味的醬料，適合當作焗烤的抹醬，或是搭配蟹貝類料理。

泰式醬料

白咖哩醬（F，p.114）
有別於一般的咖哩醬，白咖哩是利用優格、堅果調製而成，適合搭配蔬食料理。

泰式醬汁（G，p.102）
透過香菜的香氣、檸檬的酸味，讓泰式風味完全呈現，適合加入涼拌菜或當作沾醬使用。

泰式綠蓉醬（K，p.110）
糯米椒的辣搭配上翠綠色的香菜，視覺與味覺的衝突，再以椰糖綜合辣勁，魚露提鮮，適合搭配油脂豐富的魚類。

創意醬料

油悶番茄泥醬（D，p.124）
以優質的橄欖油低溫侵泡熟成的番茄，帶出營養的茄紅素，是款別具風味的番茄醬。

目錄

【 Part 4 日式精選美饌 】

【 Part 5 泰式精選美饌 】

【 Part 6 獨家創意美饌 】

Part 1

歐式風味美饌

開啟你的浪漫味蕾

香料、番茄、馬鈴薯、柑橘、海鮮……

都是歐洲料理最常見的食材

現在就利用健康氣炸鍋，讓味蕾來一趟歐洲之旅吧

開胃小菜

蘇格蘭炸彈沙拉

時間 15 min　溫度 180℃

材料

豬絞肉 100g、水煮蛋 1 顆、生菜 60g、牛番茄 1 顆、橄欖 6 顆、低筋麵粉適量、蛋液 1 顆量
麵包粉適量、橄欖油少許、檸檬汁半顆量、鹽與胡椒少許

{ 醃料 }

香蒜粉少許、巴西利少許、辣椒粉 1g、茴香籽 1g、芥末醬 1 茶匙、鹽與胡椒少許

作法

1. 醃料與豬絞肉混和均勻，取適當的量，將水煮蛋包入並捏成肉丸狀。
2. 完成的肉丸依序沾上麵粉、蛋液、麵包粉，放入氣炸鍋以 180℃、15 分鐘進行調理。
3. 待時間到取出，肉丸切四等分。於盤放上先放生菜，再放肉丸。
4. 最後點綴切塊的牛番茄、橄欖，淋點橄欖油、檸檬汁，加入少許鹽與胡椒調味。

開胃小菜

風味番茄乾油醋沙拉

時間 90 min　溫度 90℃

材料

牛番茄 1 顆、各式生菜 60g、起司塊 4 塊、腰果 2 顆、義大利陳年醋適量、橄欖油適量
蒜片 1 顆、百里香 1 支、鹽與胡椒少許、糖少許

作法

1. 牛番茄汆燙後去皮去籽，淋少許橄欖油、蒜片、鹽與胡椒、百里香、糖，以氣炸鍋 90℃、90 分鐘，風乾備用（一次可以多做一些）。
2. 生菜適當的切段，泡冰水瀝乾。生菜擺於盤中，並點綴風乾番茄、起司塊。
3. 淋上義大利陳年醋、橄欖油、調味些許鹽與胡椒，最後把腰果磨碎撒上。

1

2

3

開胃小菜

義式氣炸米糰佐綠莎莎醬

時間 10 min　溫度 180℃

材料

泰國香米 200g、起司絲 35g、蘑菇 50g、油漬鮪魚 100g、洋蔥 40g、毛豆 20g、白酒 30cc
低筋麵粉適量、蛋液 1 顆量、麵包粉適量、現刨起司適量、芝麻葉少許、橄欖油少許
水適量

{ 義式綠莎莎醬 }

九層塔 5g、巴西利 5g、酸豆 2 茶匙、綠橄欖 8 顆、檸檬汁 30cc、橄欖油 6 匙、芥末醬 1 茶匙
蒜頭 1 顆、鹽與胡椒少許、糖 1 茶匙

作法

1. 將洋蔥以橄欖油爆香，加入蘑菇碎、泰國香米拌炒至吸汁成濃稠狀後，倒入白酒持續拌炒至酒精揮發。
2. 接下來倒入少許水（蓋過米飯），約煮 15 分鐘至米飯熟，加入起司絲拌煮至濃稠，最後撒上鮪魚跟毛豆，放涼備用。
3. 以叭噗器挖取燉飯，整型分成球狀，依序沾上低筋麵粉、蛋液、麵包粉，入氣炸鍋以溫度 180℃、時間 10 分鐘進行調理。
4. 時間到後，取出米糰分別淋上約 1 匙的義式綠莎莎醬，擺上芝麻葉、現刨起司。

Tips 義式綠莎莎醬製作：將所有材料打匀即可。

開胃小菜

西班牙紅椒醬章魚

時間 8 min　溫度 200℃

材料

章魚腳 4 隻、蘿蔓葉 3 片、牛番茄 1 塊、橄欖油適量、紅椒粉少許

{ 紅椒醬 }

紅甜椒 1 顆、朝天椒 1 根、紅椒粉 2 匙、白酒 30cc、橄欖油 60cc、水 200cc、洋蔥碎半顆量

作法

1. 紅甜椒、朝天椒以火烤焦後，將焦皮去除，切丁。
2. 洋蔥碎以橄欖油炒香，加入作法 1 後倒入紅椒粉，淋上白酒，待酒氣揮發，倒入水，煮滾後以攪拌器拌碎成泥，即成紅椒醬。
3. 章魚腳切段後串起，加少許鹽與胡椒調味，連同串燒架入氣炸鍋以 200℃、8 分鐘進行調理。
4. 時間到後拉開鍋子，淋上少許橄欖油、紅椒粉。盛盤，放上蘿蔓葉、牛番茄，附上紅椒醬。

1

2

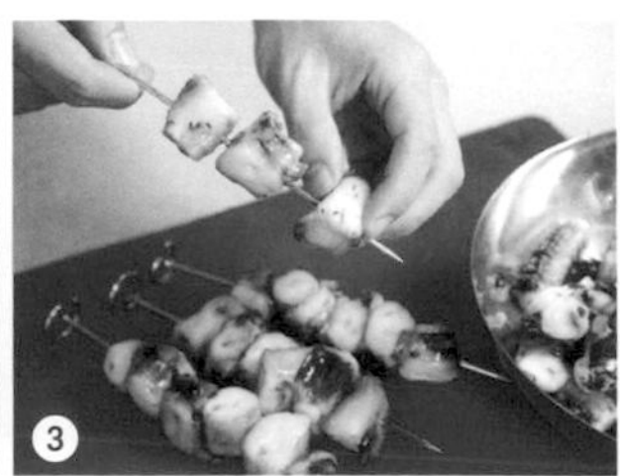
3

4

開胃小菜

焗豆洋蔥盅

時間 10 min → 10 min　溫度 170℃ → 180℃

材料

洋蔥 3 顆、橄欖油適量、鹽與胡椒適量、白豆 100g、蒜頭 1 顆、百里香 1 支、月桂葉 1 片
番茄泥 1 罐 (約 200g)、現刨起司絲少許、芝麻葉少許、玉米片碎適量

{ 焦糖洋蔥波特酒醬 }

洋蔥碎 120g、奶油 30g、黑糖 1 匙、義大利巴薩米克醋 1 匙、波特酒 60cc、茴香籽 1g
鹽與胡椒少許

作法

1. 白豆先泡水一個晚上。加入蒜頭、百里香、月桂葉煮至熟後，撈出白豆，倒進番茄泥內煮滾，簡單以鹽與胡椒調味即可備用。
2. 以小刀把洋蔥挖空成盅狀，並將刮出的洋蔥碎備用。
3. 洋蔥碎以奶油炒香，加入茴香籽、黑糖，倒入波特酒持續拌炒至去酒氣後，加入義大利巴薩米克醋、少許鹽與胡椒調味，以攪拌器打碎，即成焦糖洋蔥波特酒醬。
4. 洋蔥盅先以氣炸鍋 170℃ 烤 10 分鐘，再填滿白豆番茄泥並撒上玉米片碎，最後以 180℃ 烤 10 分鐘。
5. 盤中抹上焦糖洋蔥波特酒醬，擺上烤好的洋蔥盅，撒上起司絲後點綴芝麻葉。

1

2

3

4

開胃小菜

土耳其優格烤雞

時間 12 min　溫度 180℃

材料

去骨雞腿肉 1 隻、小黃瓜丁 70g、西芹丁 25g、番茄丁 30g、優格 30g、蜂蜜 1 茶匙、蒔蘿少許
鹽與胡椒少許

{ 醃料 }

番茄糊 1 茶匙、優格 2 匙、百里香 1 支

作法

1. 雞腿肉用優格、蕃茄糊、百里香醃製，放一個晚上。
2. 醃好的雞腿肉切塊，以烤串串起，連同串燒架放入氣炸鍋，以 180℃ 烤 12 分鐘。
3. 烤好的雞肉串盛盤；所有蔬菜丁拌入優格、蜂蜜，以鹽與胡椒調味，盛入盤中，擺上蒔蘿作為裝飾。

Tips 自製優格：將牛奶（1000cc）加熱至 90℃ 後，靜置待溫度下降至 40℃，加入優格（約 130g）拌均勻，放置室溫約 8 小時後於冰箱冷藏。

開胃小菜

鮮蚵蘑菇盅佐香草醬

時間 6 min　溫度 200℃

材料

蘑菇 4 顆、鮮蚵 4 顆、起司粉少許、法式芥茉醬少許、蒔蘿葉少許、豆苗葉少許

｛香草醬｝

蒔蘿 60g、蒜頭 3 粒、橄欖油 200cc、花生 2 匙、糖 1 匙、鹽與胡椒少許

作法

1. 香草醬的所有材料入果汁機打至均勻，成香草醬備用。
2. 蘑菇去蒂頭，圓頭面朝下放入氣炸鍋，將香草醬滴於蘑菇內，擺放鮮蚵肉，並撒些許起司粉。
3. 氣炸鍋以 200℃，烤 6 分鐘，進行調理。
4. 時間到後取出擺盤，裝飾蒔蘿葉、豆苗葉，再於盤子點綴芥末醬即完成。

❶

❷

❷

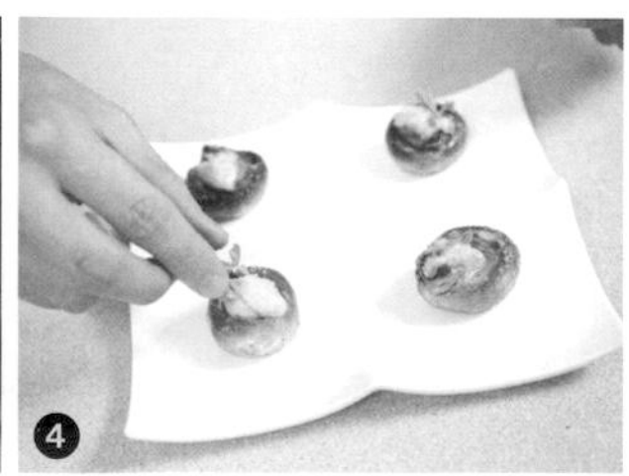

❹

主廚私房料理

五味鯷魚橄欖醬旗魚

時間 10 min 溫度 180℃

材料

旗魚 1 塊 (約 200g)、馬鈴薯 1 顆、橄欖油少許、巴西利碎 1 匙、鹽與胡椒少許、白酒 2 匙
紅蔥頭 1 顆、芥末醬 1 匙、九層塔葉少許 (裝飾用)

{ 五味鯷魚橄欖醬 }

鯷魚 1 條、黃紅聖女番茄各 1 顆、蒜頭 1 顆、酸豆 4 粒、黑橄欖 2 顆、橄欖油 100cc
巴西利碎 1 匙、九層塔碎 1 匙

作法

1. 旗魚撒上巴西利碎與胡椒鹽、白酒，讓魚肉去腥提味。紅蔥頭切薄片泡冰水。
2. 馬鈴薯切長方形，淋少許油和鹽與胡椒調味；氣炸鍋換上煎烤盤，將馬鈴薯及旗魚排放入，以 180℃烤 10 分鐘。
3. 製作五味鯷魚橄欖醬：黑橄欖切片、番茄切丁，蒜頭及鯷魚切碎；蒜碎及鯷魚碎先以橄欖油爆香，依序下酸豆、黑橄欖片、番茄丁，香氣出來後關火，放入巴西利碎以及九層塔碎即成。
4. 氣炸鍋內的食材取出盛盤，淋上五味鯷魚橄欖醬，點綴九層塔葉、紅蔥頭片，最後在盤中抹上芥茉醬。

主廚私房料理

杏仁香草鱈魚排佐風乾番茄

時間 60 min → 10 min　溫度 90℃ → 200℃

材料

鱈魚排 1 塊、蒜泥 1 顆、杏仁 6 顆、麵包粉 4 匙、蒔蘿 3 匙、鹽與胡椒少許、白酒 40cc
豆苗葉少許 (裝飾用)、柳橙皮少許、香草醬少許

{ 風乾番茄 }
聖女番茄 3 顆、蒜頭 1 顆、百里香 1 匙、橄欖油少許、鹽與胡椒少許

作法

1. 鱈魚排撒上鹽與胡椒，以白酒醃製，備用。
2. 製作風乾番茄：聖女番茄切對半、蒜頭切片，以百里香、橄欖油、鹽及胡椒調味，入氣炸鍋以 90℃、60 分鐘進行風乾。
3. 將杏仁、蒔蘿切碎，混合麵包粉、蒜泥及胡椒鹽，撒在作法 1 的鱈魚排上，同烤焙紙一同入氣炸鍋以 200℃烤 10 分鐘。
4. 時間到後取出盛盤，撒上柳橙皮絲，以毛刷沾取香草醬後畫盤，擺上作法 2 的風乾番茄，以少許豆苗葉裝飾。

Tips 香草醬作法可參考「鮮蚵蘑菇盅（p.24）」。

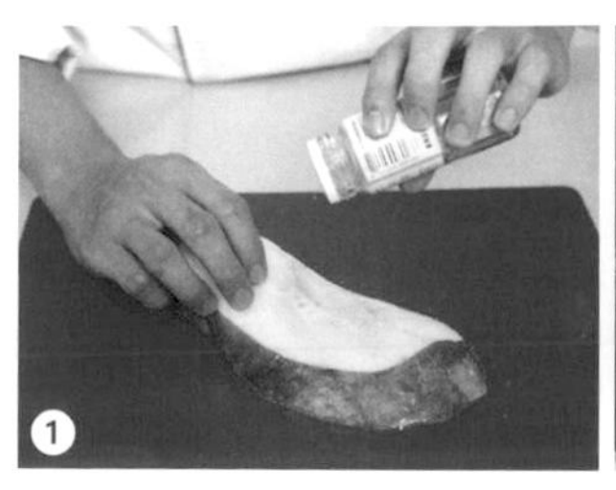
1

3

4

4

主廚私房料理

地中海主婦式魚排

時間 10 min　溫度 200℃

材料

虱目魚 1 片、蒜頭 2 顆、酸豆 1 匙、黑橄欖 2 顆、綠橄欖 3 顆、百里香 1 支、白酒 30cc
聖女番茄 4 顆、橄欖油適量、白胡椒適量、芝麻葉少許

作法

1. 虱目魚撒上白胡椒調味。取一張鋁箔紙裁成長方形備用。
2. 所有材料（除芝麻葉外）擺入鋁箔紙中，三邊向內摺起後摺成信封狀包起。
3. 入氣炸鍋以 200℃、10 分鐘進行調理，完成後將鋁箔紙內的食材盛盤。
4. 鋁箔紙內的湯汁淋在魚排上添增鮮味，擺放芝麻葉，加些許橄欖油。

1

2

3

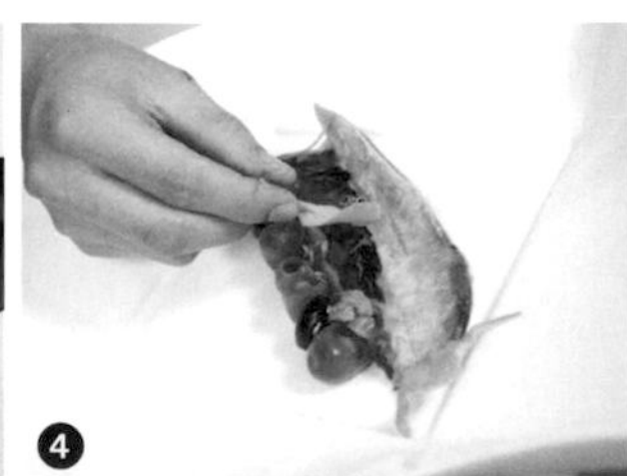
4

主廚私房料理

杏仁炸鮮魚佐塔塔醬

時間 10 min　溫度 160℃

材料

鮪魚菲力 4 條、萵苣 60g、牛番茄半顆、杏仁片適量、蛋液 1 顆量、低筋麵粉適量
鹽與胡椒少許

{ 塔塔醬 }

水煮蛋 1 顆、酸黃瓜碎 30g、美乃滋 100g、洋蔥碎 40g、巴西利 1g、芥茉醬 1 茶匙
鹽與胡椒少許

作法

1. 鮪魚簡單以鹽與胡椒調味醃製，依序沾上低筋麵粉、蛋液、杏仁片備用。
2. 作法 1 的魚排入氣炸鍋以 160℃、10 分鐘進行調理。
3. 製作塔塔醬：將水煮蛋切碎同塔塔醬的所有食材拌均即可。
4. 萵苣切絲，牛番茄切片鋪入盤底；待氣炸鍋時間到後，把魚排交疊放置，附上塔塔醬。

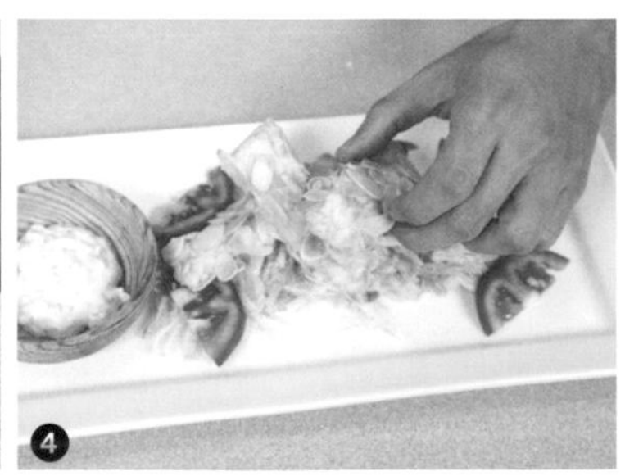

主廚私房料理

法式松露雞肉捲

時間 15 min　溫度 180℃

材料

帕瑪火腿 2 片、泰國蘆筍 6 根、起司絲 50g、雞胸肉 1 塊、低筋麵粉適量、蛋液 1 顆量
麵包粉少許、松露醬 1 匙、鹽與胡椒少許

{ 松露美乃滋 }
松露醬 45g、美乃滋 200g、義大利醋 30cc

作法

1. 雞胸肉橫切（不切斷）後攤平，以刀背拍薄後撒上鹽與胡椒，依序鋪上帕瑪火腿、蘆筍 3 根、起司絲以及松露醬後捲起。
2. 將作法 1 的雞肉捲依序沾上低筋麵粉、蛋液、麵包粉，入氣炸鍋以 180℃、15 分鐘進行調理。
3. 時間剩約 3 分鐘時，把裝飾用的 3 根蘆筍一同放入氣炸鍋。
4. 完成後，雞肉捲切斜段，盛盤並擺上蘆筍、松露美乃滋。

Tips 松露美乃滋製作：所有調味料混均即可。

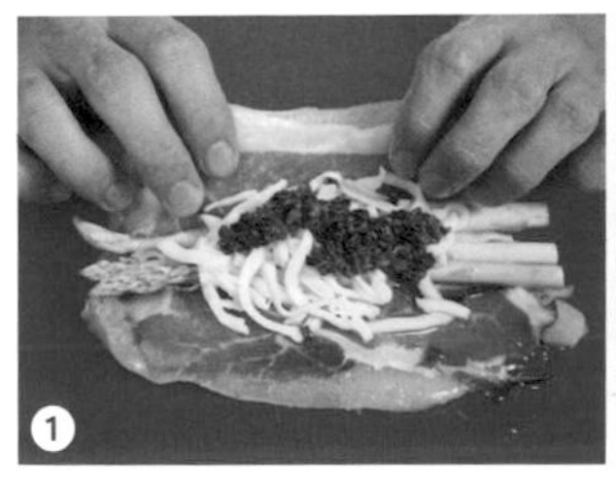
1

2

3

4

主廚私房料理

米蘭式焗烤雞腿

時間 30 min → 12 min → 4 min  溫度 180℃ → 200℃→ 180℃

材料

土雞腿 1 隻、玉米筍 2 隻、彩椒各半顆、花椰菜 4 朵、義大利巴薩米克醋 1 茶匙
洋蔥片 1 圈、馬鈴薯 1 顆、奧力塔橄欖油 6 茶匙、鹽與胡椒適量、起司絲適量

{ 快速蕃茄醬汁 }

義大利蕃茄碎 250g、洋蔥 1/4 顆、蒜頭 3 粒、九層塔 6 片、八角 1 粒、義大利綜合香料 1 匙
鹽與胡椒適量

作法

1. 馬鈴薯入氣炸鍋以 180℃、30 分鐘調理，時間到後取出搗碎，趁熱加入橄欖油、胡椒鹽調味，拌至綿密整成圓形備用。
2. 蕃茄醬汁：先爆香蒜頭碎、九層塔葉，加入八角、義大利綜合香料以及洋蔥碎，炒香後加進蕃茄粒煮滾，除八角外其餘入果汁機打成醬，加入鹽與胡椒調味。
3. 雞腿肉撒上鹽與胡椒，同洋蔥片圈入氣炸鍋以 200℃烤 12 分鐘。完成後，皮的那面抹蕃茄醬汁，撒上起司絲，焗烤至上色。
4. 甜椒以圓模壓成圓形後，與玉米筍、花椰菜入氣炸鍋，以 180℃烤 4 分鐘，最後盛盤，淋上醬汁與義大利巴薩米克醋。

Tips 馬鈴薯帶皮調理為佳，烤出來的香氣較足。為節省時間，作法 4 的蔬菜也可於作法 1 剩 4 分鐘時加入氣炸鍋。

1

2

3

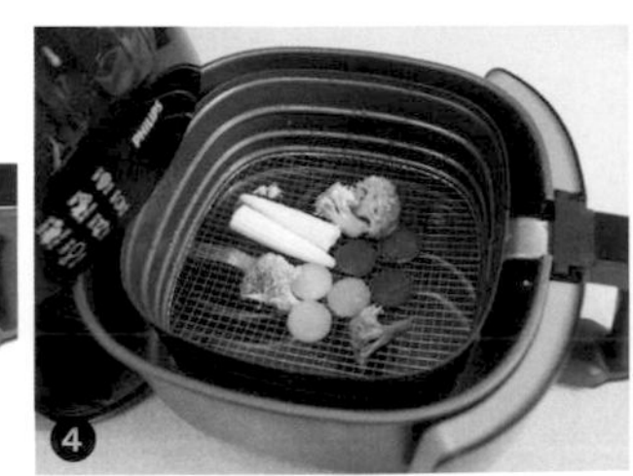

4

甜點時光

帕芙洛娃

時間 60 min 溫度 150℃

材料

蛋白 90g、細砂糖 170g、香檳醋 5g、玉米粉 5g、火龍果球 4 顆、葡萄柚果肉 4 片、奇異果半顆
杏桃乾 1 顆、芒果 1/4 顆、巧克力榛果 8 顆、義大利陳年醋適量

作法

1. 蛋白打發，分次加入細砂糖，打至尖峰狀。
2. 香檳醋倒入作法 1 中攪拌，再加入過篩後的玉米粉打均，即成蛋白霜。
3. 烤焙紙剪成適當大小放入氣炸鍋，將作法 2 的蛋白霜刮進擠花袋，擠花畫圓在烤焙紙上，以 150℃、60 分鐘進行調理。
4. 時間到後取出盛盤，裝飾水果，杏桃乾切絲撒上，義大利陳年醋淋少許在盤子四周，最後點綴巧克力榛果。

甜點時光

杏仁巧克力餅乾

時間 15 min　溫度 170℃

材料

奶油 150g、黑糖 100g、可可粉 35g、杏仁片 140g、全蛋 50g、低筋麵粉 260g

作法

1. 奶油與黑糖打均呈乳化狀後，分次將蛋液打入攪勻，略結團狀。
2. 杏仁片與過篩的麵粉、可可粉倒入作法 1 內，接著用手把杏仁片、粉類及麵團揉合。
3. 揉均勻且呈團塊後，以擀麵棍擀平（厚度約為 1 cm），以圓形模具取成圓形。
4. 入氣炸鍋以 170℃烤 15 分鐘，時間到即完成。

Tips 此分量約可完成 20 片餅乾。

Part 2

美式精選美饌

給你飽嗝的分量

美洲的大食力眾所皆知
牛排、炸雞、三明治……熱量驚人
不過，利用健康氣炸鍋就能減油80%

開胃小點

經典起司里昂火腿三明治

時間 10 min → 7 min　溫度 170℃→ 180℃

材料

吐司 2 片、起司 1 片、里昂火腿片 2 片、莫扎瑞拉起司絲適量、新鮮薯條 100g、松露醬 2 匙
鹽與胡椒少許、橄欖油少許、切達起司絲適量、芝麻葉少許

作法

1. 吐司放上火腿片及起司相疊成三明治，備用。薯條放底鍋以 170℃、10 分鐘調理。
2. 莫扎瑞拉起司絲撒在作法 1 的三明治上，入氣炸鍋以 180℃烤 7 分鐘。
3. 時間到後將三明治取出，斜切對半；薯條拌入松露醬，以少許鹽與胡椒、橄欖油調味。
4. 三明治與薯條盛盤，撒上些許切達起司、芝麻葉。

❶

❷

❸

❹

開胃小點

水牛城辣味烤雞翅

時間 9 min  溫度 200℃

材料

雞翅 6 隻、小黃瓜半根、紅蘿蔔半根、西芹 2 根、美乃滋 30g、乾辣椒 1 條

{ 雞翅醃料 }

鹽與胡椒少許、白酒 2 匙、蒜頭 1 粒、百里香適量

{ 辣雞翅醬 }

番茄醬 3 大匙、法式芥茉籽醬 1 茶匙、辣椒粉 1 茶匙、紅糖 1 茶匙、黑胡椒 1 茶匙、鹽少許
柳丁汁半顆量、煙燻 TABASCO 適量、辣椒籽適量（裝飾用）

作法

1. 雞翅入醃料，以手抓過後靜置 4 小時。
2. 製作蔬菜棒：小黃瓜、紅蘿蔔、西芹切成長條，放入裝有冰塊的杯中備用。美乃滋裝入碟中。
3. 氣炸鍋放入雞翅以 200℃ 烤約 9 分鐘，完成後取出，拌入辣雞翅醬後盛盤。可將乾辣椒切碎撒上作為裝飾，用餐時連同蔬菜棒沾著美乃滋一同食用。

Tips 辣雞翅醬作法：將所有材料攪拌均勻即成。

1

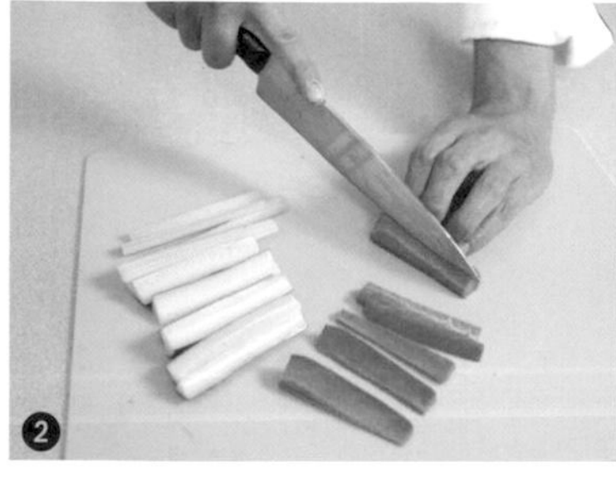
2

3

主廚私房料理

氣炸式牛排

時間 30 min → 7 min　溫度 160℃→ 200℃

材料

牛排 2 片、玉米筍 1 根、蒜苗半根、蒜頭 1 株、聖女番茄 4 顆、毛豆莢 6 條、A1 醬 1 匙
橄欖油適量、蒙特婁香料鹽適量、鹽與胡椒少許（裝飾用）

作法

1. 蒜頭去頭尾，撒上蒙特婁香料鹽與橄欖油，入氣炸鍋以 160℃烤 30 分鐘取出備用。
2. 牛排兩面皆撒上橄欖油、蒙特婁香料鹽調味，同玉米筍、蒜苗、毛豆莢、聖女番茄一起放入已換上煎烤盤的氣炸鍋內，以溫度 200℃烤約 7 分鐘。
3. 時間到後取出所有食材盛盤，淋上 A1 醬，撒鹽與胡椒裝飾，從毛豆莢取出毛豆仁擺放即可。

Tips 作法 1 的蒜頭可直接食用，亦可擠成泥抹在牛排上。

1

2

3

主廚私房料理

星期天的豬肋排

時間 5 min → 15 min  溫度 200℃→ 180℃

材料

豬肋排 3 大根、蘆筍 4 根、馬鈴薯 1 顆、鹽與胡椒少許

{ BBQ 醬 }

柳橙皮半顆量、柳橙汁 50cc、迷迭香 1 支、百里香 1 茶匙、紅椒粉 1 匙、橄欖油 1 匙
TABASCO 2 匙、蒜泥 1 匙、番茄醬 200g、A1 醬 1 匙半、巴薩米克醋 3 匙
傑克丹尼威士忌 30cc、鹽與胡椒少許

{ 滷汁 }

柳橙皮半顆量、迷迭香 1 支、百里香 1 茶匙、月桂葉 1 片、紅椒粉 1 匙

作法

1. 豬肋排撒上鹽與胡椒，入氣炸鍋以 200℃烤 5 分鐘；接著放入湯鍋進滷汁材料，水加至蓋過豬肋排，滾後小火燉 90 分鐘取出備用。
2. 馬鈴薯以波浪刀切約 1 cm 片狀，以少許鹽與胡椒、橄欖油調味。
3. 將作法 2 的薯片入氣炸鍋鍋底，並裝上煎烤盤，以 180℃烤約 15 分鐘，時間剩約 7 分鐘時放入抹上 BBQ 醬的豬肋排與蘆筍。
4. 時間到後，取出盛盤。

Tips 調製 BBQ 醬：所有材料（除了傑克丹尼威士忌）入鍋中煮滾後關火，再倒入傑克丹尼威士忌，保留酒香。

1

2

3

4

甜點時光

威士忌葡萄磅蛋糕

時間 20 min → 10 min  溫度 180℃→ 160℃

材料

奶油 125g、糖 100g、蛋 2.5 顆、葡萄乾 30g、威士忌 30cc、低筋麵粉 100g、可可粉 25g
泡打粉 3g、糖粉適量

作法

1. 奶油與糖以攪拌器打均成乳黃色後，把蛋慢慢打入攪拌。
2. 作法 1 加入過篩的麵粉、可可粉、泡打粉，把粉類用刮刀攪拌均勻，加入威士忌與葡萄乾，攪拌成麵糊狀。
3. 麵糊倒入模具約 6 分滿，以湯匙整平表面。氣炸鍋先以 180℃ 預熱 5 分鐘。
4. 模具入氣炸鍋以 180℃ 烤 20 分鐘，時間到後再以 160℃ 烤 10 分鐘。完成後脱模放涼，食用時撒上糖粉。

1

2

3

4

Part 3
中式精選美饌
傳統中菜的新食法

特殊的中式香料是中華料理的特色
利用空氣炸出的食物不但適合配飯也可下酒
讓你不知不覺再添一碗白米飯

開胃小點

鍋塌黃金豆腐

時間 5 min 溫度 180℃

材料

板豆腐 4 塊、低筋麵粉適量、蛋液 1 顆量、XO 醬少許、綠竹筍 1 株、香菜葉 4 片、水菜少許
白醋 60cc、糖 1 茶匙、香油少許、白芝麻適量

作法

1. 板豆腐沾上麵粉，抹上蛋液。
2. 作法 1 的板豆腐放入氣炸鍋，以 180℃烤 5 分鐘，時間到取出放 XO 醬。
3. 綠竹筍氽燙後切絲，以白醋、糖、香油、白芝麻調味醃製。
4. 醃好的綠竹筍絲放置盤中間，烤好的豆腐塊圍在綠竹筍邊，點綴上香菜跟水菜。

1

2

3

4

開胃小點

氣炸鮮蝦韭菜腐皮捲

時間 6 min　溫度 180℃

材料

鮮蝦 14 尾、馬蹄 110g、洋蔥 100g、香菇 60g、韭菜 50g、千張 4 張、海山醬適量、低筋麵粉少許
水少許、胡椒鹽少許、蠔油 2 匙

作法

1. 餡料製作：鮮蝦、馬蹄、洋蔥、香菇及韭菜切丁，加入胡椒鹽與蠔油調味後拌均。
2. 千張切成正方形備用。
3. 麵粉混入少許水調成麵糊。取一張千張包入適當的內餡後捲起，以麵糊封口。
4. 作法 3 放入氣炸鍋，溫度 180℃烤 6 分鐘，時間到後盛盤，並附上海山醬。

1

3

3

4

開胃小點

氣炸手工花枝丸

時間 6 min 溫度 200℃

材料

花枝 200g、日本山藥 50g、蛋白 1 顆、破布子 15g、米酒 10cc、太白粉 30g、山葵椒鹽粉適量

{ 裝飾 }

竹籤 4 支、番茄醬少許、七味粉適量、山葵椒鹽粉適量、海苔粉少許

作法

1. 製作花枝漿：所有材料用攪拌機打均即可。
2. 取一鍋水，煮滾；花枝漿挖成球狀丟入鍋內汆燙（約 2 分鐘）。
3. 作法 2 煮好的花枝丸入氣炸鍋，以 200℃烤 6 分鐘，進行調理。
4. 時間到後，花枝丸盛盤，插上竹籤，依序撒七味粉、山葵椒鹽粉、海苔粉，附上番茄醬。

開胃小點

泡菜豬肉餡餅

時間 10 min  溫度 180℃

材料

韓國泡菜 100g、蔥花 30g、薑泥 10g、豬絞肉 400g、米酒 20cc、香油 1 匙、鹽與胡椒適量
雞蛋 1 顆、蛋液少許

{ 麵團 }
中筋麵粉 550g、溫水 300cc、鹽 2g、橄欖油少許

作法

1. 製作麵團：水加熱至 65℃後倒入鋼盆，與麵粉、鹽混合揉成團；成團後抹上少許橄欖油，蓋上保鮮膜靜置 1 小時，進行醒麵。
2. 製作肉餡：將切碎的泡菜、薑泥、蔥花、豬絞肉、米酒、蛋及香油攪拌出筋，撒上鹽與胡椒調味，備用。
3. 作法 1 的麵團分成約 30g ／ 1 個，擀平成適當大小包入肉餡，封口成餡餅，抹上蛋液。
4. 作法 3 的餡餅入氣炸鍋，以 180℃、10 分鐘進行調理。

1

2

3

4

開胃小點

虱目魚佐柳橙梅汁沙拉

時間 8 min　溫度 180℃

材料

柳丁肉 (片)1 顆量、聖女番茄 3 顆、紫洋蔥半顆、虱目魚一夜干 1 片、水菜少許 (裝飾)
米酒少許、鹽與胡椒少許、蘋果醋 6 匙

{ 梅汁醬 }

加州梅 1 顆、蘋果醋 3 匙、糖 1 匙、橄欖油 3 匙

作法

1. 紫洋蔥切絲後泡冰水，備用。
2. 作法 1 的洋蔥絲瀝乾水，同切半番茄、柳丁肉、梅汁醬攪拌均勻，成沙拉備用。
3. 虱目魚一夜干取下骨，魚肉淋上米酒、鹽與胡椒；魚骨淋上蘋果醋。
4. 虱目魚骨與魚肉一同放入氣炸鍋，以 180℃、8 分鐘進行調理。時間到後取出盛盤，擺放沙拉及裝飾水菜。

Tips 梅汁醬作法：加州梅切成丁，與其餘材料混勻即成。

主廚私房料理

川味椒香羊小排

時間 4 min　溫度 200℃

材料

羊排 4 塊、香菜適量、蔥絲適量、彩色椒絲少許、蒜酥 3 匙、花椒粉 1 匙

{ 滷汁 }

花椒粒 1 匙、乾辣椒 1 條、黑糖 2 匙、紹興酒 40cc、肉桂 1 茶匙、八角 1 粒、醬油 40cc
辣豆瓣醬 20g、蒜頭 1 粒、蔥 1 支、薑 10g、水適量

作法

1. 製作滷汁：依序將蒜頭、薑、蔥爆香，再加入花椒粒、乾辣椒、肉桂、八角後，放入羊排煎香，再倒入黑糖、醬油及豆瓣醬炒至有香氣。
2. 作法 1 淋上紹興酒，倒入適量水（蓋過羊排即可），以小火把羊排煨軟（約 30 分鐘）。
3. 作法 2 的羊排放入氣炸鍋，撒上混勻的蒜酥與花椒粉，以 200℃、4 分鐘進行調理。
4. 時間到後盛盤，撒香菜、蔥絲、彩色椒絲，淋上滷汁即可。

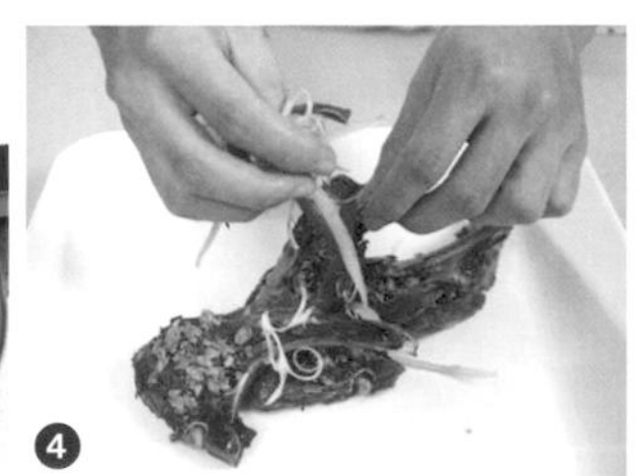

主廚私房料理

胡椒蝦

時間 4 min　溫度 200℃

材料

泰國蝦 1 斤、蒜頭 3 粒、黑胡椒粉 1 匙、白胡椒粉 1 匙、五香粉 1 匙、洋蔥少許
咖哩粉 1 茶匙、白蘭地 80cc

作法

1. 蒜頭及洋蔥切碎，備用
2. 泰國蝦與黑胡椒粉、白胡椒粉、五香粉、咖哩粉、白蘭地及作法 1 混均。
3. 入氣炸鍋以 200℃烤 4 分鐘，時間到後取出裝飾掛於碗邊。

1

2

2

3

主廚私房料理

台式古早味雞捲

時間 10 min　溫度 180℃

材料

雞胸肉 110g、芋頭丁 40g、毛豆 30g、花枝 80g、五香粉 1g、豆腐皮 2 張、甜辣醬少許
鹽與胡椒少許、水菜葉 4 片

作法

1. 餡料製作：雞胸肉、花枝、五香粉、鹽與胡椒放入果汁機中打成漿狀。倒出後加入芋頭丁、毛豆攪拌均勻，備用。
2. 攤開豆腐皮，包入作法 1 的內餡捲起成雞捲。
3. 作法 2 的雞捲放入氣炸鍋，以 180℃、10 分鐘進行調理。
4. 時間到，取出雞捲切段，盛盤，點綴甜辣醬與水菜。

1

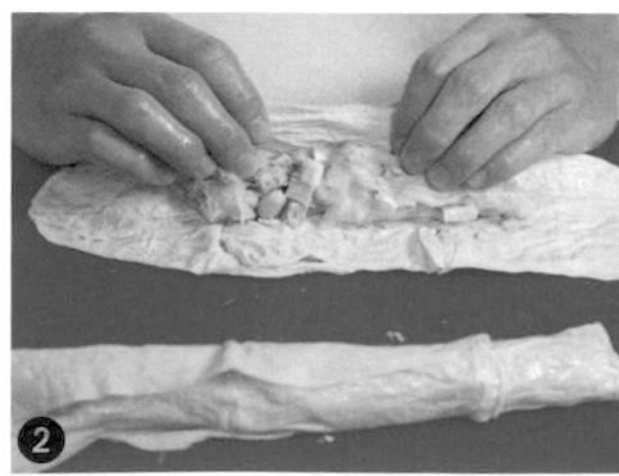
2

3

4

主廚私房料理

客家鑲豆腐

時間 15 min　溫度 180℃

材料

板豆腐 3 塊、豬絞肉 220g、薑泥 5g、蔥 2 支、太白粉 3 匙、醬油 1 匙、鹹冬瓜 1 塊、白胡椒少許醬油膏少許

作法

1. 板豆腐中間以挖勺挖空。挖出的豆腐用乾淨的布擠出水分，成豆腐泥備用。
2. 製作餡料：蔥切蔥花（留少許做裝飾）後，加入與豬絞肉、薑泥、鹹冬瓜、太白粉及豆腐泥拌均，以醬油與白胡椒調味。
3. 作法 2 的餡料填入作法 1 的板豆腐中。
4. 入氣炸鍋以 180℃烤 15 分鐘。時間到後盛盤，撒上蔥花，點綴醬油膏。

Tips 豆腐易碎，為保持完整，可於氣炸鍋內放置一張烤焙紙後再擺上。

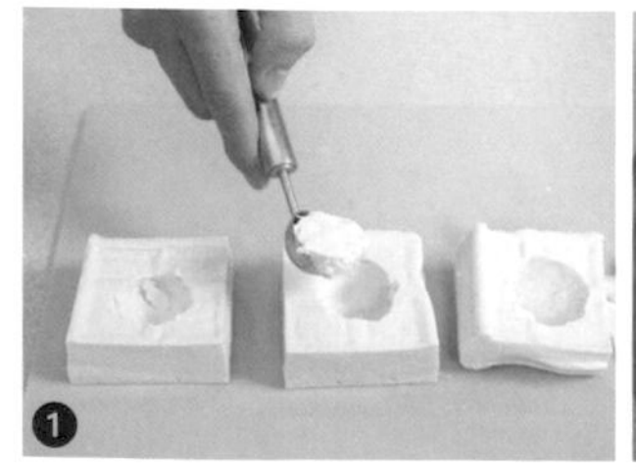

1

2

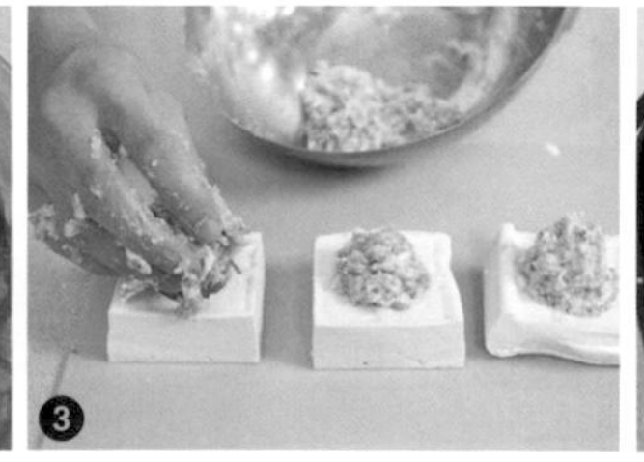

3

4

主廚私房料理

剝皮辣椒風味牛肉捲

時間 6 min　溫度 200℃

材料

安格斯無骨牛小排肉片 4 片、剝皮辣椒 4 條、白花椰菜 1 朵、綠花椰菜 1 朵、杏鮑菇 2 朵
鹽與胡椒少許

{ 香辣油醬汁 }

蒜片 3 顆量、葵花油 80cc、乾辣椒碎 1 條量、醬油膏 2 匙

作法

1. 製作香辣油醬汁：蒜片以葵花油小火爆香後撈出（做裝飾備用），關火續以餘溫爆乾辣椒碎，加上醬油膏調味即成。
2. 蔬菜與肉片簡單撒上鹽與胡椒，淋作法 1 的香辣油醬汁調味；牛肉片 2 片略重疊，分別包入 2 條剝皮辣椒後捲起。
3. 作法 2 的牛肉捲與蔬菜一同入氣炸鍋，以 200℃、6 分鐘進行調理。
4. 時間到後，牛肉捲對切盛盤，周圍擺上蔬菜、淋香辣油醬汁，並裝飾香脆蒜片。

1

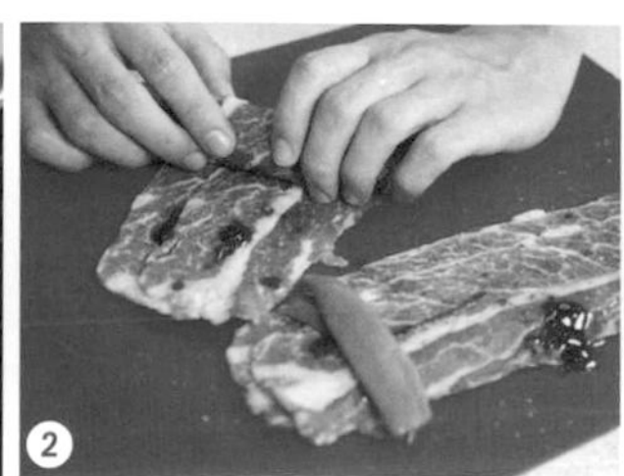
2

3

4

甜點時光

晚秋蛋黃酥

時間 10 min → 10 min → 10 min  溫度 170℃→ 180℃→ 160℃

材料

萬丹紅豆沙 500g、鹹蛋黃 13 顆、紹興酒適量、蛋液適量（蛋黃 x2，全蛋 x1）、白芝麻適量

｛油皮｝

Lsigny 發酵奶油 100g、糖粉 50g、水 100g
中筋麵粉 250g

｛油酥｝

Lsigny 發酵奶油 80g、低筋麵粉 165g

作法

1. 先處理鹹蛋黃，入氣炸鍋後噴上紹興酒，噴均勻後，以 170℃、10 分鐘進行調理。完成後切半備用。
2. 製作油皮：鋼盆內依序加入過篩的中筋麵粉、糖粉、奶油，以中速打均（可先加一半的水，讓部分攪拌均勻），打至結團時，分次加少許水，再打到表皮光滑即成。油皮鬆弛 10 分鐘後，分割成 20g ／ 1 個。
3. 製作油酥：低筋麵粉過篩入鋼盆，加入奶油攪拌均勻。油酥分割 10g ／ 1 個。
4. 萬丹紅豆沙分割成 20 克／ 1 個後搓圓，半顆蛋黃略壓進紅豆沙內，成內餡。
5. 作法 2 的油皮用手壓平後包裹作法 3 的油酥，酥皮縮口朝上鬆弛 5 分鐘；再用擀麵棍擀成長方形，以手由上往下捲起，鬆弛 10 分鐘；最後將酥皮壓開，翻面包入內餡，整成圓形。
6. 氣炸鍋以 200℃，預熱 5 分鐘。刷蛋液汁於蛋黃酥，先刷一遍，全部刷完後，再刷第二遍。刷好後撒上白芝麻，入氣炸鍋，以 180℃烤 10 分鐘，再調整為 160℃、10 分鐘。

Part 4
日式精選美饌
不藏私的精巧料理

和食，能撫慰人心、溫暖胃
無論是珍味餐點還是平民小食
都讓人愛不釋口

開胃小點

本燒醬焗烤帝王蟹

時間 5 min　溫度 200℃

材料

帝王蟹腳（中段）4 支、蔥 1 支、三島香鬆 1 匙、起司絲少許

{ 本燒醬 }

奶油 30g、低筋麵粉 30g、牛奶 500g、香菇碎 100g、洋蔥碎 100g、帝王蟹腳（尾段）4 支
鹽與胡椒少許

作法

1. 先將帝王蟹腳（尾段）汆燙，撈起後取蟹肉，切碎備用。
2. 奶油同洋蔥碎、香菇碎爆香，加入麵粉後慢慢倒入牛奶攪拌煮至濃稠，再加入作法 1 的蟹肉，即為本燒醬。
3. 淋上作法 2 的本燒醬於帝王蟹腳，撒少許起司絲後入氣炸鍋，以 200℃、5 分鐘進行調理。
4. 時間到後，取出盛盤。蔥切成蔥花拌入三島香鬆，點綴些許在蟹腳上。

1

2

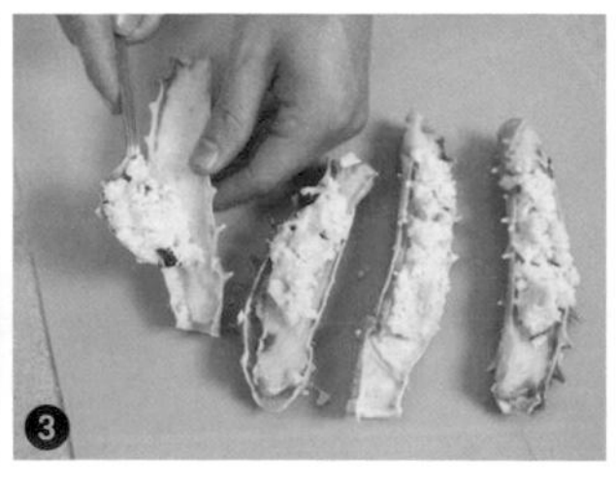

3

4

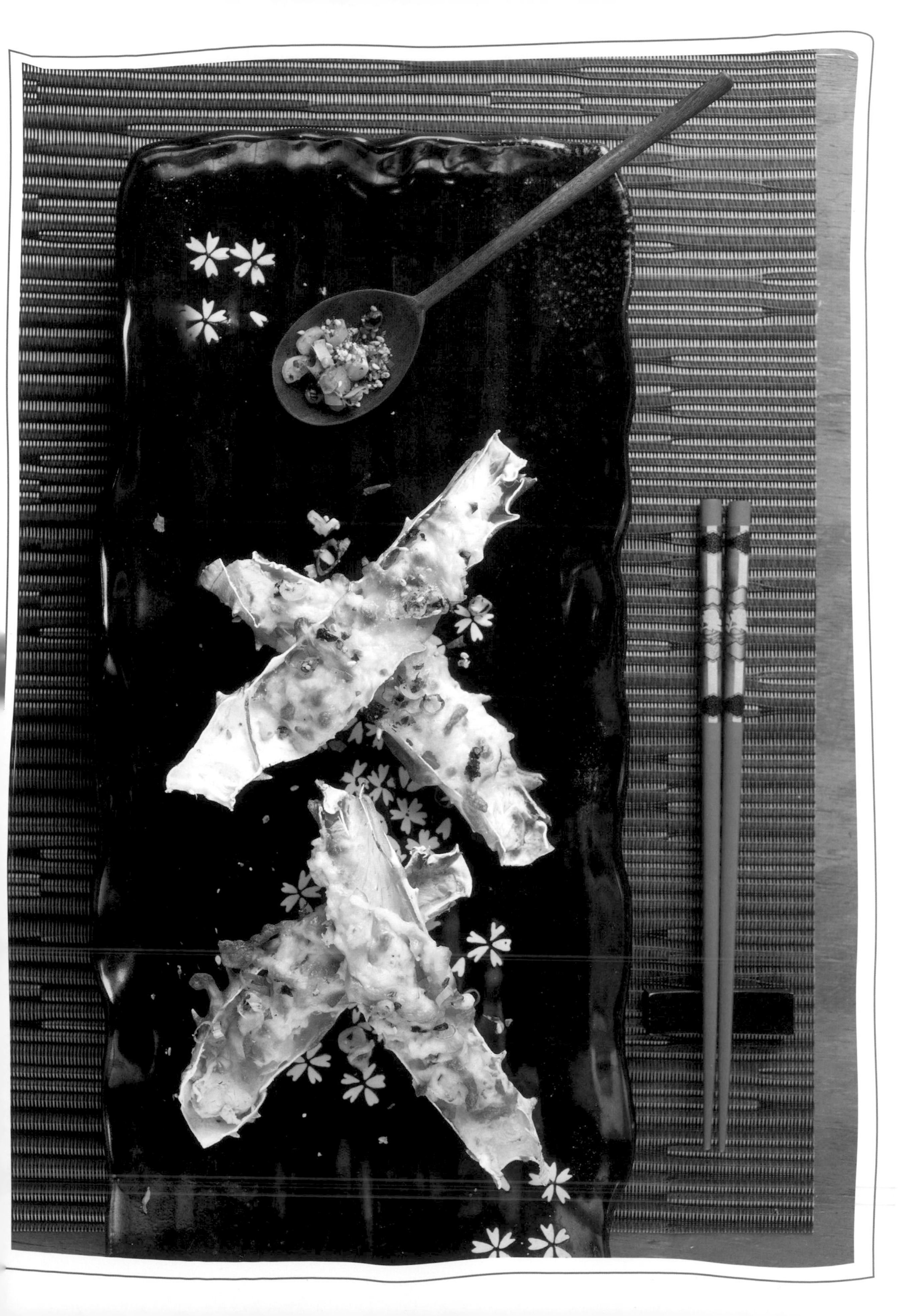

開胃小點

咖哩酥餅

時間 10 min → 7 min  溫度 200℃→ 180℃

材料

牛絞肉 500g、蘋果 170g、蜂蜜 1 匙、洋蔥碎 1 顆量、毛豆 80g、茴香籽 1g、咖哩粉 4 匙
鹽與胡椒少許、蛋液 1 顆量、橄欖油少許、起酥皮 6 張

作法

1. 蘋果去皮切塊，淋上蜂蜜，入氣炸鍋以 200℃、10 分鐘進行調理。時間到後以攪拌器打成泥狀。
2. 鍋內倒入橄欖油，將牛絞肉炒香，加入咖哩粉、茴香籽增添風味，倒入洋蔥碎，炒軟後加入毛豆，撒上鹽與胡椒調味。
3. 作法 1 的蘋果泥與作法 2 的餡料拌均，放涼。取一酥皮放咖哩餡，再蓋一層酥皮，用圓形模具壓成圓形，抹上蛋液備用。
4. 咖哩酥皮放進氣炸鍋，以 180℃烤 7 分鐘。

Tips 作法 2 完成的餡料可先以濾網過濾油，再拌入蘋果泥，口感更柔順。

1

2

3

4

開胃小點

元氣米漢堡

時間 10 min → 8 min　溫度 170℃→ 180℃

材料

白飯 2 小碗、牛番茄 3 片、萵苣絲 60g、旗魚 1 塊 (約 180g)、酸黃瓜 3 條、小洋蔥 3 粒
水菜葉 3 片、美乃滋適量、醬油膏適量、山葵椒鹽粉適量、白芝麻適量、清酒 30cc

作法

1. 鋪一張烤培紙，白飯倒入圓模內壓成 6 片，抹上醬油膏，進氣炸鍋以 170℃烤 10 分鐘。
2. 旗魚以清酒醃製、抹上醬油膏，撒點山葵椒鹽粉，醃約 10 分鐘。
3. 作法 1 完成的米漢堡取出後，放入旗魚並撒上白芝麻，以 180℃、8 分鐘進行調理。
4. 米漢堡抹上美乃滋，依序放上番茄片、萵苣絲，作法 3 調理好的旗魚排切成 3 等分放上，最後點綴酸黃瓜、小洋蔥、水菜葉。

1

2

3

4

開胃小點

豆腐起司雞翅包

時間 10 min　溫度 200℃

材料

雞翅 4 隻、豆腐 1 盒、起司絲 40g、三島香鬆適量、蔥花適量、咖啡美乃滋適量

{ 醃料 }

味醂 1 匙、清酒 1 匙、薑泥 1 小匙、山椒粉 1 小匙、日式醬油 1 匙半

作法

1. 雞翅去骨，入醃料備用；豆腐以紗布瀝出水分成豆腐碎。
2. 豆腐碎、起司絲拌勻，裝入擠花袋，剪去一小角後再填入去骨的雞翅中。
3. 作法 2 填好料的雞翅用烤串串起，連同串燒架放入氣炸鍋，以 200℃烤 10 分鐘。
4. 時間到取出盛盤，撒上三島香鬆粉、蔥花，沾取咖啡美乃滋一起食用。

Tips 咖啡美乃滋：美乃滋 1 條與濃縮咖啡 2 匙攪拌均勻即成。苦甜的滋味和雞翅很搭。

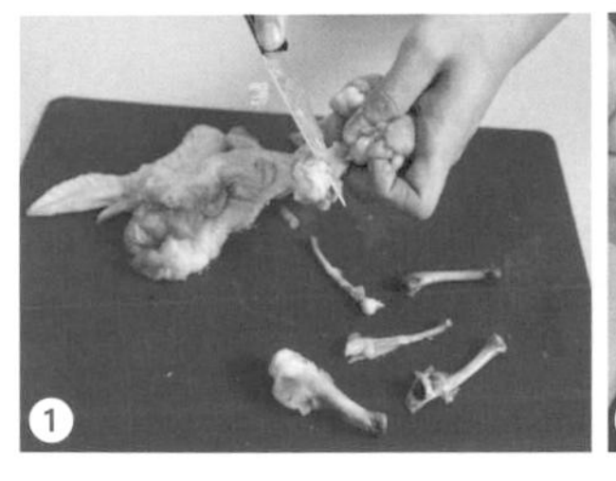
①

②

③

④

開胃小點

香酥牛肉堡

時間 15 min　溫度 180℃

材料

牛絞肉 100g、鹽與胡椒適量、日本中濃果醋醬 30cc、生菜 15g、美乃滋 15g、蛋液 1 顆量
麵包粉適量、低筋麵粉適量、高麗菜絲 30g、紅椒絲 2 條

作法

1. 牛絞肉用鹽與胡椒調味，整型拍打成球狀。
2. 作法 1 的牛肉球依序沾麵粉、蛋液、麵包粉，入氣炸鍋以 180℃、15 分鐘炸酥。
3. 時間到後盛盤，淋上美乃滋，放高麗菜絲、紅椒絲；生菜淋日本中濃果醋醬搭配食用。

主廚私房料理

味噌脆皮雞

時間 15 min 溫度 160℃

材料

雞胸肉 2 塊、雞皮 2 片、味噌半包、味醂 3 匙、醬油半匙、四季豆 4 根、蔥半根
彩色椒 1/4 顆、花椰菜 1 顆、牙籤 6 支

作法

1. 雞胸肉對切（不切斷），以刀背拍薄。四季豆放入拍薄的雞肉中捲起，再包上雞皮，以牙籤插住固定。
2. 將味噌與味醂、醬油混合均勻，抹在作法 1 的雞肉捲上，醃製 30 分鐘備用。
3. 蔥與彩色椒切絲泡冰水，花椰菜切成小朵。
4. 作法 2 醃好的雞肉捲放入氣炸鍋中，以 160℃烤 15 分鐘；時間剩 5 分鐘時把作法 3 的花椰菜放入。
5. 時間到後取出，雞肉捲上的牙籤拔除後切段，與蔬菜擺盤。

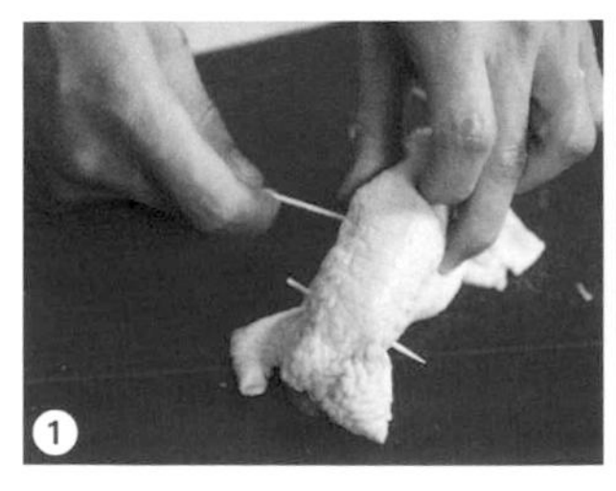
1

3

4

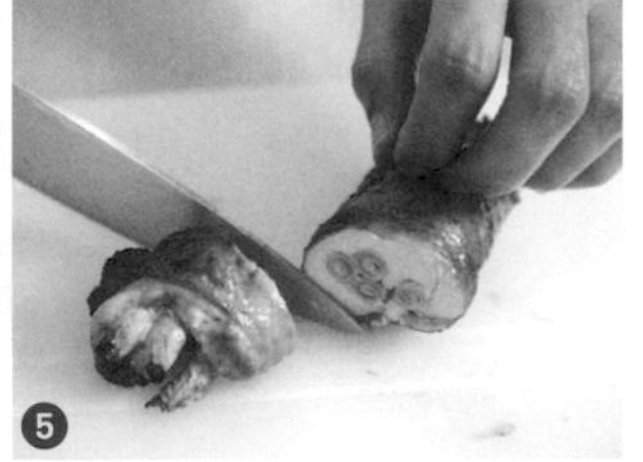
5

主廚私房料理

日式和漢堡排

時間 10 min　溫度 200℃

材料

蘿蔔泥 1 匙、蔥花 1 支、白芝麻適量、薯條 100g、發酵奶油 30g、醬油 90g、清酒 1 匙
黃砂糖 1 茶匙、A1 醬 50cc

{ 漢堡排 }

雞胸肉 220g、巴西利 1g、麵包粉 20g、牛奶 30cc、蛋黃 1 顆、洋蔥碎 35g、七味粉 1g
鹽與胡椒少許

作法

1. 雞胸肉以刀背敲打後，同漢堡排的其餘材料入食物調理機攪均，將雞肉糊捏成團狀與薯條一起放進氣炸鍋，以 200℃烤 10 分鐘。
2. 製作醬汁：奶油放入熱鍋內使之融化，再加入黃砂糖、醬油、清酒、A1 醬，調煮至勻。
3. 作法 1 烤好的薯條以及漢堡排盛盤，撒白芝麻，漢堡排上放蘿蔔泥。
4. 最後點綴蔥花，淋上醬汁。

主廚私房料理

日本脆麵大阪燒

時間 10 min　溫度 200℃

材料

海苔粉適量、脆麵適量、蔥花適量、美乃滋少許、中濃果醋醬少許、柴魚片適量

{ 大阪燒麵糊 }

低筋麵粉 100g、水 150g、山藥泥 100g、蛋 1 顆、高麗菜 120g、蝦皮 2g、紅薑碎 1 匙

作法

1. 先將低筋麵粉與水拌均（才不會有顆粒），再加入蛋、山藥泥、高麗菜切絲、蝦皮、紅薑碎攪拌混和成麵糊。
2. 模具內抹油，倒入作法 1 的麵糊，以氣炸鍋 200℃ 烤 10 分鐘。
3. 時間到後把大阪燒脫模，抹上中濃果醋醬，撒海苔粉、柴魚片，淋美乃滋。
4. 最後撒上蔥花以及脆麵。

1

2

3

4

主廚私房料理

炙氣炸深海魚

時間 10 min　溫度 180℃

材料

深海魚 1 條、綠竹筍 1 顆、中濃果醋醬適量、七味粉適量、山葵胡椒鹽粉適量、清酒 30cc
薑泥 1 匙、蔥 1 支、水菜少許、豌豆苗少許、白芝麻適量

{ 土佐醋 }

水 90cc、醋 90cc、薄口醬油 30cc、味醂 30cc、柴魚片 10g

作法

1. 深海魚去除內臟，魚身分段以山葵胡椒鹽粉、薑泥及清酒醃製後，以烤串串起。
2. 魚排串連同串燒架放入氣炸鍋，以 180℃、10 分鐘進行調理。
3. 製作土佐醋：全部材料（除柴魚片外）倒入鍋內煮滾後，放入柴魚片浸泡 5 分鐘，撈出即成。
4. 蔥切斜段與水菜、豌豆苗泡冰水備用；綠竹筍切段放入鍋內汆燙至熟。
5. 作法 1 完成的魚排放入盤中；綠竹筍拌入白芝麻、少許土佐醋盛盤，再點綴上水菜、蔥絲、碗豆苗，淋上中濃果醋醬與七味粉。

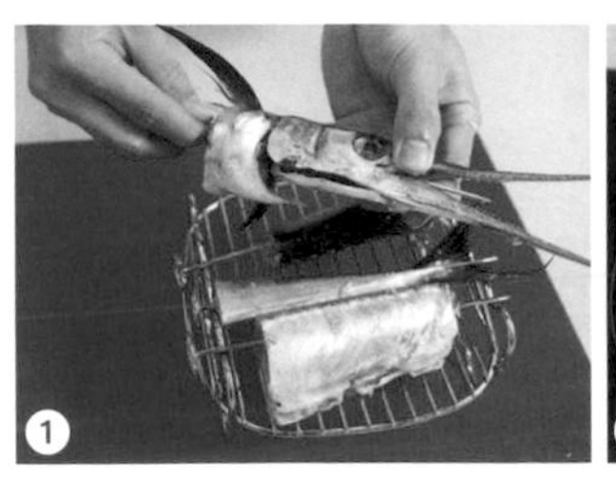
1

3

4

5

甜點時光

豆沙栗子餅

時間 6 min　溫度 180℃

材料

中筋麵粉 300g、三溫糖 20g、酵母 3g、鹽 1g、溫水 150cc、紅豆沙 360g、栗子 1 包

作法

1. 酵母、糖和溫水混均後倒入麵粉中，並加入鹽，揉捏至團狀；待揉至表面光滑後，靜置發酵約 1 小時。
2. 作法 1 發酵好的麵團整成長條形，分成約 70g ／ 1 個。紅豆沙分成約 60g ／ 1 個。
3. 接著把分好的麵團擀平，各包入紅豆沙與栗子 2 顆後封口，以手掌輕壓整型。氣炸鍋先以 180℃ 預熱 5 分鐘。
4. 作法 3 完成的豆沙餅入氣炸鍋，以 180℃ 、6 分鐘進行調理。

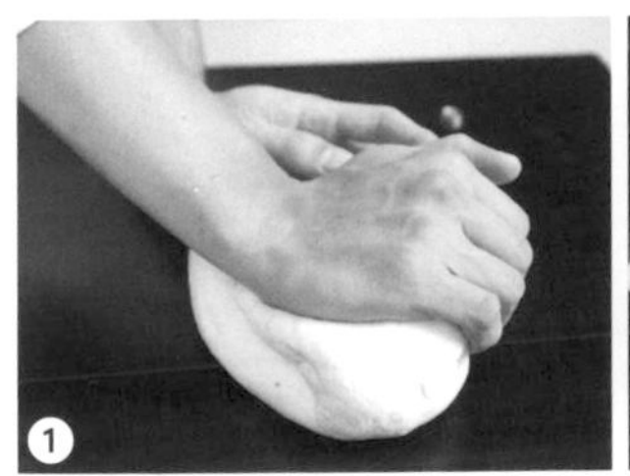
1

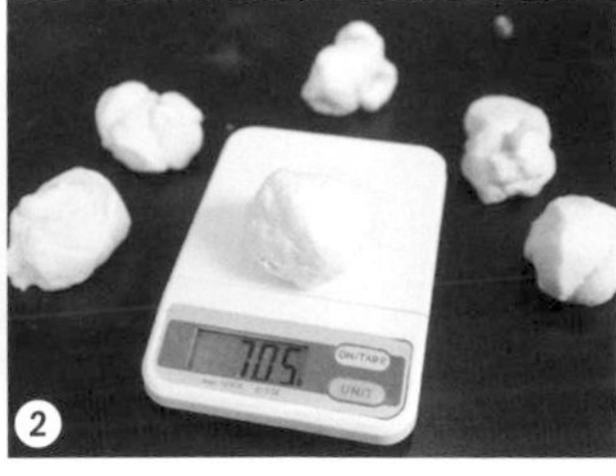

2

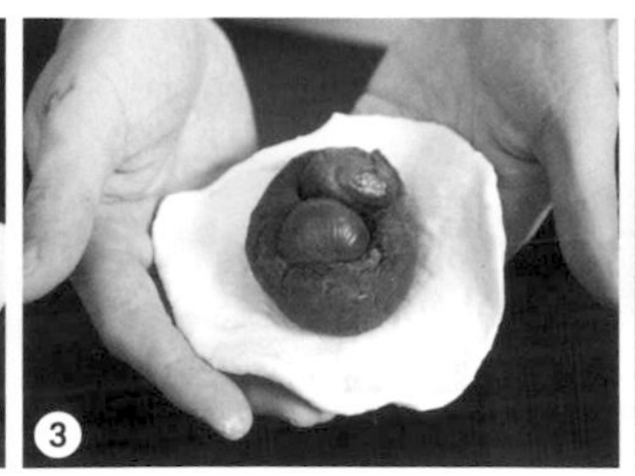
3

4

Part 5
泰式精選美饌
酸甜辣的味覺饗宴

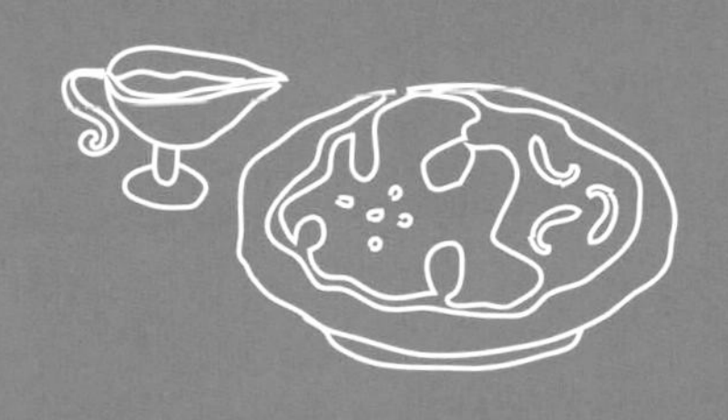

一想到泰式料理，口水都要流下來啦
清香的檸檬、濃厚的咖哩、嗆鼻的辣椒……
為家人端一盤下飯的泰式美味吧

開胃小點

泰式海鮮沙拉

時間 4 min 溫度 170℃

材料

透抽 1 隻、草蝦仁 8 尾、芹菜 1 根、洋蔥片 6 片、黃番茄 2 粒、紫高麗菜 20g

{ 泰式醬汁 }

泰式燒雞醬 200cc、檸檬汁 1 顆量、香菜適量

作法

1. 泰式醬汁製作：香菜葉與梗分開，梗切碎（香菜葉做裝飾備用），加入檸檬汁、泰式燒雞醬混和均勻，備用。
2. 透抽切圈，與蝦仁一同入氣炸鍋以 170℃烤 4 分鐘。
3. 芹菜削皮切段、洋蔥切圓圈片、紫高麗菜切絲，泡冰水冰鎮後瀝乾。
4. 黃番茄切對半與作法 2 的透抽、蝦仁及作法 3 的生菜拌勻，再加入泰式醬汁拌均後盛盤，以香菜葉點綴。

開胃小點

月亮蝦餅球

時間 5 min　溫度 170℃

材料

蝦仁 290g、花枝 100g、蛋白 1 顆、魚露 1 匙、鹽與胡椒少許、梅子醬 60cc、餛飩皮 20 張
蛋黃 1 顆、全蛋 1 顆

作法

1. 蝦仁、花枝、蛋白及魚露倒入食物調理機打成漿狀，以鹽與胡椒調味。
2. 取一張餛飩皮，中間放上作法 1 打好的蝦漿後，再放上另一張餛飩皮，邊緣以水沾濕黏合，用圓形模具壓成圓形狀，放入氣炸鍋。
3. 全蛋與蛋黃打均，以刷子沾取塗在餅皮上，以 170℃、5 分鐘進行調理。
4. 時間到後，取出盛盤，搭配梅子醬食用。

1

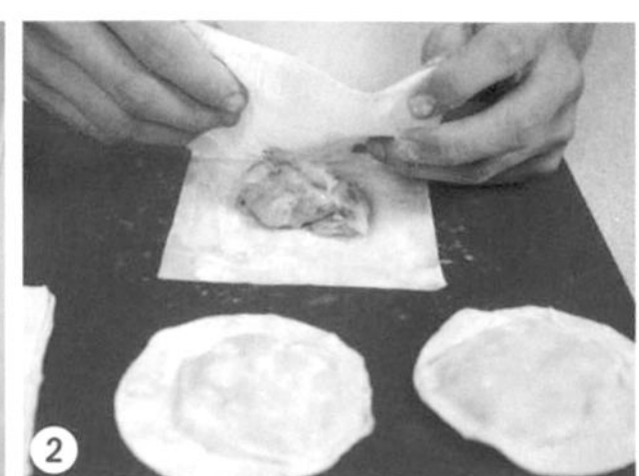
2

3

4

開胃小點

泰北炙烤透抽沙拉

時間 8 min　溫度 200℃

材料

透抽 2 隻、鳳梨片 1 片、黃紅聖女番茄各 3 顆、四季豆 3 根、蘿蔓 2 片、小黃瓜 30g
豆苗葉少許(裝飾用)

{ 醃料 }
椰奶 4 匙、紅咖哩 1 匙半、薑泥 1 匙、蒜泥 1 匙、胡椒粉少許

{ 沙拉醬汁 }
泰式甜雞醬 6 匙、檸檬汁 3 匙、魚露少許、胡椒粉少許、橄欖油 3 匙

作法

1. 透抽去內臟，刻花後切成長條，放入醃料中醃製 10 分鐘。
2. 小黃瓜切片、聖女番茄切對半、蘿蔓切片狀，泡冰水備用。
3. 作法 1 醃好的透抽以烤串串好，同串燒架入氣炸鍋；鳳梨片和四季豆放置氣炸鍋底鍋，以 200℃烤 8 分鐘。
4. 時間到後，將透抽取下；鳳梨片切丁、四季豆切段同作法 2 瀝乾的生菜、沙拉醬汁混合；盛入盤中並裝飾豆苗葉。

Tips 沙拉醬汁：所有材料混勻即完成。

1

3

4

4

主廚私房料理

泰式金錢魚餅

時間 10 min 溫度 170℃

材料

鱸魚菲力 260g、蝦仁 50g、香菜 5g、魚露 1 匙、雞蛋 1 顆、胡椒少許、泰式東央貢醬 1 匙
低筋麵粉適量、蛋液 1 顆量、玉米片碎適量、泰式甜雞醬少許

作法

1. 鱸魚菲力與蝦仁、香菜、雞蛋、魚露、泰式東央貢醬以食物調理機打碎成魚漿，加少許胡椒調味，備用。
2. 手沾少許麵粉，將魚漿整型成球狀，依序沾上麵粉、蛋液、玉米片碎，製作成魚餅。
3. 作法 2 完成的魚餅入氣炸鍋，以 170℃、10 分鐘調理，時間到後取出，附上泰式甜雞醬食用。

1

2

2

3

主廚私房料理

鮭魚花捲佐泰式綠蓉醬

時間 7 min　溫度 200℃

材料

鮭魚 200g、茴香葉適量、水菜適量、牛番茄丁 15g、鹽與胡椒適量、米酒 20cc

{ 泰式綠蓉醬 }

香菜 25g、蒜頭 20g、糯米椒 35g、朝天椒 1 根、椰糖 40g、魚露 35cc、檸檬汁 60cc

作法

1. 鮭魚去除魚皮後切片，取一鮭魚片捲起，其餘鮭魚片包覆上捲成花形。
2. 接下來把作法 1 完成的鮭魚花捲淋上米酒、鹽與胡椒、茴香葉醃製一下。
3. 氣炸鍋內鋪上烤焙紙，放入鮭魚花捲以 200℃烤 7 分鐘，時間到後盛盤。
4. 最後淋上泰式綠蓉醬於盤子四周，點綴水菜、茴香葉、牛番茄丁。

Tips 泰式綠蓉醬製作：將所有材料以食物調理機打勻即成。

1

2
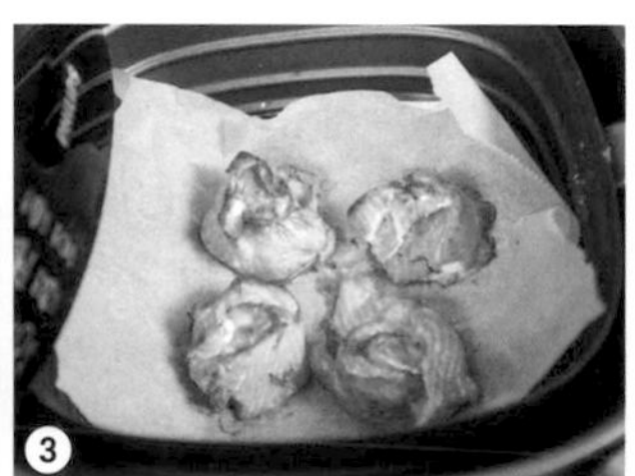
3

4

主廚私房料理

綠咖哩椰香雞

時間 15 min 溫度 180℃

材料

綠咖哩泥 50g、椰奶 50cc、雞腿 1 隻、玉米筍 1 支、草菇 2 顆、香菜少許
泰式綠蓉醬少許（作法請參閱 p.110）

作法

1. 雞腿以綠咖哩泥與椰奶醃製，約 30 分鐘。
2. 醃製好的雞腿以棉繩捆起，入氣炸鍋用 180℃、15 分鐘進行調理。
3. 作法 2 的氣炸鍋時間剩 5 分鐘時，放入草菇與玉米筍。
4. 時間到後取出，雞腿切塊草菇切對半，盛盤，盤子點綴上香菜葉、泰式綠蓉醬。

1

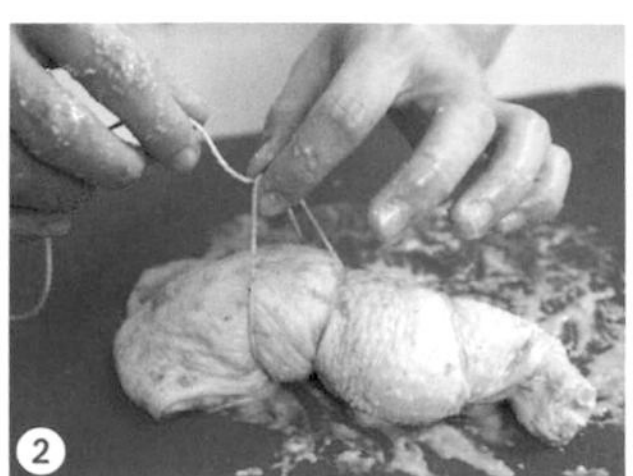
2

3

4

主廚私房料理

白咖哩彩蔬捲

時間 7 min　溫度 180℃

材料

茭白筍塊 4 塊、豆腐塊 8 塊、玉米筍塊 4 塊、青椒片 4 塊、甜椒片 4 塊、杏鮑菇 8 塊
紅蘿蔔片 8 片

{ 白咖哩醬 }

椰奶 200cc、優格 130g、腰果 80g、葡萄乾 20g、茴香籽 1g、荳蔻粉 1g、鹽與胡椒適量

作法

1. 製作白咖哩：腰果入熱鍋，炒出香味，加入香料、椰奶、葡萄乾煮滾，再倒入優格，待微滾後關火，以攪拌器打成泥醬，備用。
2. 豆腐塊包紅蘿蔔片，用烤串依序串起蔬菜料，置於串燒架上。
3. 作法 2 完成的蔬菜串連同串燒架入氣炸鍋，以 180℃、7 分鐘進行調理。白咖哩醬再次煮滾，並加入鹽與胡椒調味後，倒入醬汁盅。
4. 時間到後，盛盤，搭配白咖哩沾取食用。

Tips 若擔心蔬菜過乾，可於入鍋前噴少許橄欖油保濕。

1

2

3

甜點時光

椰香舒芙蕾

時間 10 min　溫度 180℃

材料

奶油 65g、低筋麵粉 30g、椰奶 250cc、糖 60g、蛋黃 4 顆、蛋白 4 顆、椰子粉適量
糖粉適量、金爵伏特加 30cc

作法

1. 蛋黃倒入攪拌盆內，加入過篩的低筋麵粉拌勻後，再加入煮滾的椰奶攪拌成麵糊。
2. 作法 1 的麵糊隔水加熱至濃稠狀，加入奶油，放涼備用。
3. 糖分次加入蛋白內攪拌，打發成蛋白霜（拉起可呈鉤狀）。氣炸鍋先以 180℃ 預熱 5 分鐘。
4. 作法 3 的蛋白霜分次倒入作法 2 的麵糊，輕拌混均成舒芙蕾麵糊。模具內塗滿奶油並撒上糖，倒入麵糊（約 6 分滿）。
5. 放入氣炸鍋，以 180℃、10 分鐘進行調理。時間到撒上椰子粉、糖粉，食用時倒入金爵伏特加一同享用。

Part 6
獨家創意美饌
這樣「炸」，也很好食

號外、號外！Bingo老師的私房料理大公開
獨家創意點子通通報你知
只分享給鍋友的祕密食譜

主廚私房料理

梅香豬小排

時間 5 min → 5 min　溫度 200℃→ 200℃

材料

豬小排 8 根、梅子 1 顆、蔥半根、蒜酥少許、黑糖少許、水菜適量、五香粉少許

{ 滷汁 }

八角 1 粒、蔥段 3 根量、蒜頭 6 粒、薑片 3 片、辣椒半根、黑糖 3 匙、醬油 200cc
紹興酒 100cc、梅子 3 顆、白胡椒粉 2 匙

作法

1. 豬小排撒上少許五香粉，放入已換上煎烤盤的氣炸鍋以 200℃烤 5 分鐘，備用。
2. 製作滷汁：用少許油炒香蒜頭、薑片，加辣椒、蔥段和八角，再放入黑糖炒至融化後，倒醬油、紹興酒，作法 1 完成的豬小排放入鍋中，加入適量水（蓋過即可），最後放入梅子與白胡椒粉，小火燉煮 90 分鐘。
3. 燉煮完成的豬小排取出，入氣炸鍋，撒少許黑糖，以 200℃烤 5 分鐘。
4. 蔥切斜片，取出作法 3 的豬小排盛盤，撒上蒜酥、蔥、水菜，擺上梅子。

主廚私房料理

堅果豬肉丸佐蘋果泥、香料南瓜

時間 17 min　溫度 180℃

材料

豬絞肉 500g、堅果 3 匙、葡萄乾 1 匙、蛋黃 1 顆、起司粉 2 匙、小茴香籽半匙、辣椒乾碎半匙
鹽與胡椒適量、南瓜 1/4 顆、甜豆莢 3 個、蘋果 1 顆、橄欖油 2 匙、黃砂糖 3 匙、檸檬半顆
肉桂粉半匙、水適量

作法

1. 豬絞肉至於鋼盆內，倒入切碎的堅果、葡萄乾，再依序加起司粉、小茴香、鹽與胡椒、蛋黃，攪拌均勻後，整型成球狀（約 12 顆），串起備用。
2. 南瓜切塊，撒上鹽與胡椒、辣椒乾碎，備用。蘋果切塊放入鍋中，並倒橄欖油、撒黃砂糖及肉桂粉，拌炒至呈金黃色後，倒入適量水（約蓋過蘋果），擠檸檬汁，以小火煮至蘋果塊熟透軟化，以攪拌器打成泥備用。
3. 先將南瓜塊放置氣炸鍋，再放上已擺滿肉丸串的串燒架，溫度設定為 180℃、17 分鐘；烤至剩最後 4 分鐘時，放入甜豆莢。
4. 盤內淋少許蘋果泥，擺上作法 3 烤好的肉丸串及南瓜、甜豆莢。

1

2

3

4

主廚私房料理

PIZZA 式炸豬排

時間 15 min→ 2 min　溫度 180℃→ 200℃

材料

豬里肌肉 250g、番茄丁 5 塊、芝麻葉少許、黑橄欖片 4 顆、低筋麵粉適量、蛋液 1 顆量
麵包粉少許、義大利綜合香料 1 匙、鹽與胡椒少許、起司絲適量

{ 油悶番茄泥醬 }

牛番茄 2 顆、蒜碎 3 顆、九層塔 5g、奧立岡葉 1g、橄欖油 160g、義大利巴薩米克醋 30cc
糖 1 茶匙、鹽與胡椒少許

作法

1. 豬里肌肉以刀背敲打斷筋，撒上鹽與胡椒、義大利綜合香料醃製入味，依序沾上低筋麵粉、蛋液、麵包粉，入氣炸鍋以 180℃烤 15 分鐘。
2. 製作油悶番茄泥醬：牛番茄切丁。鍋內倒入少許油爆香蒜碎、九層塔葉與奧立岡葉，再加入番茄丁，撒上糖、鹽與胡椒調味，淋義大利巴薩米克醋，炒香後倒入橄欖油，以小火油悶約 10 分鐘，以攪拌器打成泥即成。
3. 作法 1 的豬排切成厚片，抹上油悶番茄泥醬，鋪上起司絲、黑橄欖片。
4. 作法 3 放入氣炸鍋，以 200℃、2 分鐘焗烤上色，盛盤，放上芝麻葉、番茄丁，搭配油悶番茄泥醬食用。

Tips　可於氣炸鍋內鋪上烤盤紙，不但防沾黏也能防止豬排散開。

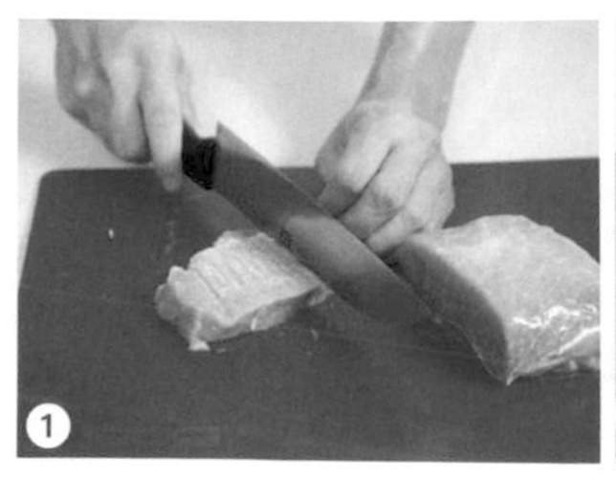

主廚私房料理

綠野仙蹤

時間 30 min → 90 min → 6 min  溫度 180℃ → 80℃ → 200℃

材料

松露油 1 匙、紫色地瓜半條、堅果 2 匙、南瓜 1/4 顆、娃娃菜 1 顆、玉米筍 1 條、秋葵 1 條
甜豆莢 1 個、豆芽菜 4 根、牛番茄 1 顆、波特菇 1 朵、花椰菜 2 朵、水菜 1 株、蒜片 1 顆量
碗豆苗 1 株、百里香少許、蒙特婁香料鹽少許、義大利陳年醋少許、橄欖油少許、紅椒粉少許
鹽與胡椒少許

{ 西班牙蛋黃醬 }

蛋黃 1 顆、橄欖油 200cc、雪莉醋 1 茶匙、紅椒粉 1 茶匙、鹽與胡椒少許、糖 1 匙

作法

1. 地瓜與南瓜入氣炸鍋以 180℃ 烤 30 分鐘，完成後分別搗成泥並過篩。地瓜泥趁熱拌入松露油、鹽、胡椒調味；南瓜泥趁熱拌入橄欖油、堅果。
2. 牛番茄汆燙後去皮去籽，淋少許橄欖油，入氣炸鍋，並加上蒜片、鹽與胡椒、百里香，以 80℃ 烤 90 分鐘，風乾備用。
3. 取一鍋水煮滾，放入少許鹽調味。秋葵切段，與花椰菜、玉米筍、豆芽菜、娃娃菜、甜豆筴入滾水汆燙後泡冰水，瀝乾，淋些許橄欖油，備用。
4. 波特菇撒上蒙特婁香料鹽、橄欖油，入氣炸鍋以 200℃ 烤 6 分鐘。作法 1 的地瓜、南瓜泥以 2 支湯匙整型成橢圓球狀；所有食材盛盤，點綴水菜，淋上義大利陳年醋、蛋黃醬。

Tips 西班牙蛋黃醬製作：所有材料混勻即成。

Bingo's idea 廚師對於許多食材應心存感激，了解蔬菜的特性及營養，運用適當的烹調手法，讓蔬菜成為主角，且做出的料理清爽無負擔，也有助身體健康。

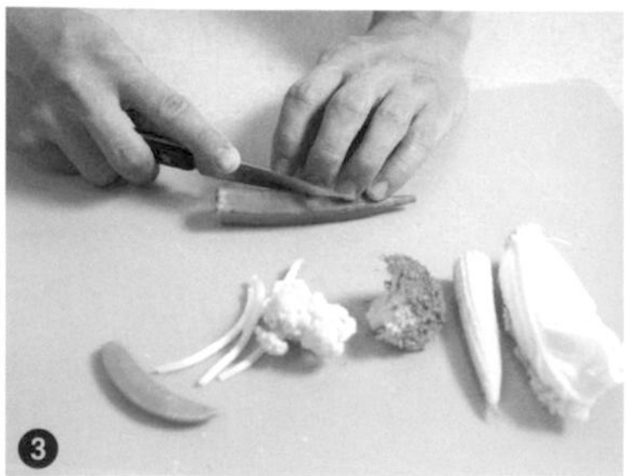

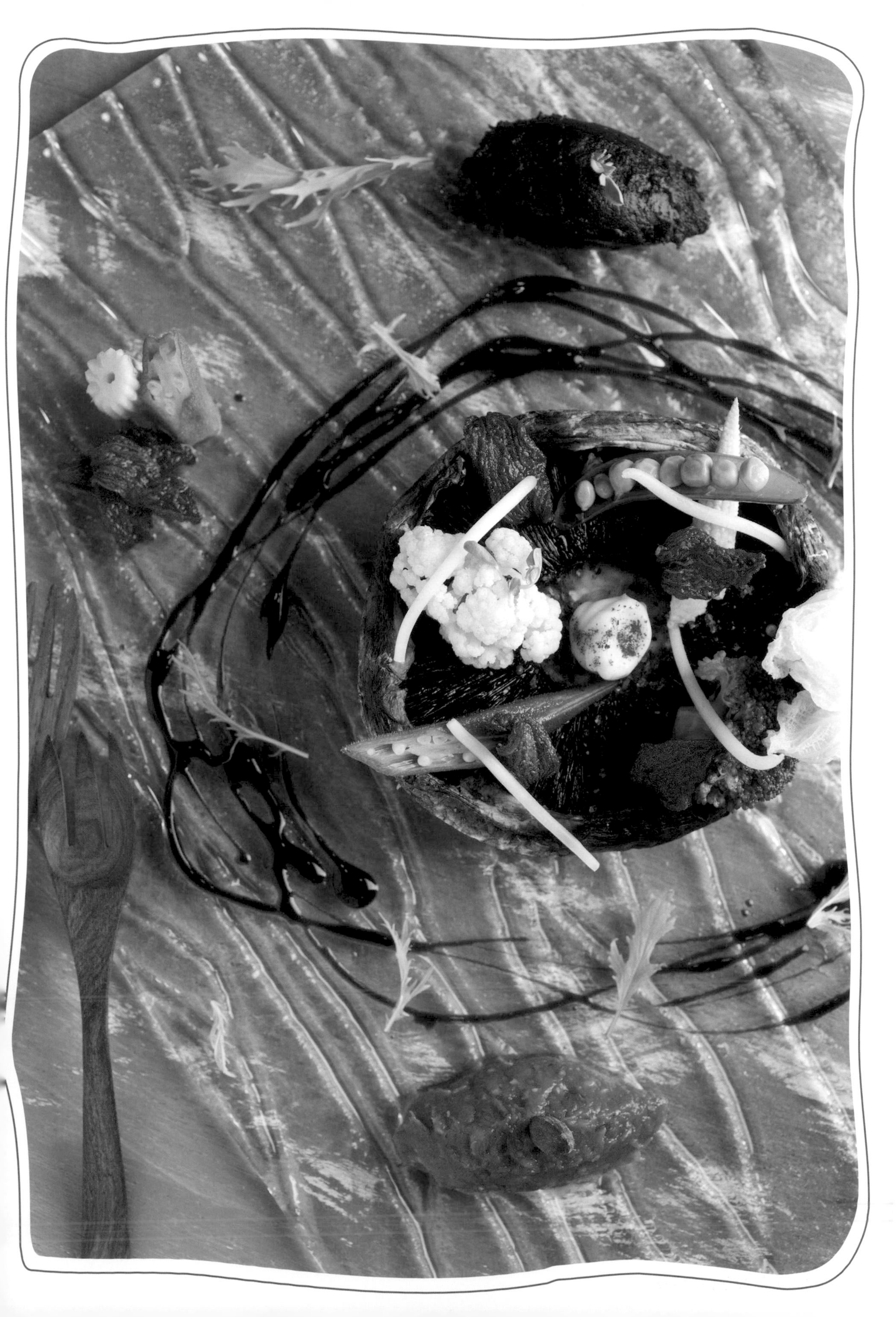

主廚私房料理

脆皮啤酒鵝

 時間 15 min 溫度 200℃

材料

鵝肉 2 塊、馬鈴薯 1 顆、黃紅聖女番茄各 3 顆、碗豆苗少許、醃製小洋蔥 4 顆
法式芥末醬少許、巴薩米克醋少許、義大利綜合香料 1 匙、鹽與胡椒少許

{ 醃料 }

啤酒 200cc、黑胡椒適量、海鹽適量、義大利綜合香料 1 匙、百里香 1 匙、紅椒粉 1 匙
橄欖油 2 匙、法式芥茉醬 1 匙、小茴香 1 匙、蒜頭 4 粒

作法

1. 鵝肉放置鋼盆內，加入所有醃料，醃製一晚或至少 4 小時。馬鈴薯挖成球狀，聖女番茄切對半，加入少許鹽與胡椒、義大利綜合香料調味，備用。
2. 馬鈴薯球放入氣炸鍋底鍋，鵝肉放進氣炸鍋烤網，以 200℃、15 分鐘進行調理。
3. 作法 2 的氣炸鍋時間剩 5 分鐘時，底鍋放入聖女番茄。
4. 所有食材盛盤，淋上巴薩米克醋，點綴芥末醬，最後放上小洋蔥、碗豆苗。

Tips 若想讓鵝肉表皮更加酥脆，可於作法 2 鵝肉入氣炸鍋後淋少許橄欖油。

1

2

3

4

主廚私房料理

海苔風味雞肉丸

時間 15 min  溫度 180℃

材料

鵪鶉蛋 6 顆、雞胸肉 1 塊、海苔粉適量、中濃果醋醬少許、低筋麵粉適量、麵包粉適量
白芝麻少許、蛋液 1 顆量、三島香鬆適量

{ 調味 }

白酒 1 匙、七味粉 1 匙、巴西利 1 匙、蛋黃 1 顆、鹽與胡椒少許

{ 紅椒美乃滋 }

美乃滋 1 條 (約 100cc)、紅椒粉 2 匙

作法

1. 雞胸肉切碎，加入調味材料攪拌均勻，拍打出筋（口感才會扎實）後，包入鵪鶉蛋。
2. 作法 1 完成的雞肉丸，依序沾上麵粉、蛋液，及混和好的麵包粉、白芝麻、海苔粉。
3. 肉丸入氣炸鍋，以 180℃、15 分鐘進行調理。此時將美乃滋與紅椒粉拌勻成紅椒美乃滋備用。
4. 取出烹調好的雞肉丸，切對半後盛盤，淋上中濃果醋醬，撒上三島香鬆，搭配紅椒美乃滋食用。

主廚私房料理

啡香牛小排

時間 30 min→ 10 min 溫度 180℃→ 200℃

材料

馬鈴薯 1 顆、玉米筍 1 根、牛小排 2 塊、牛番茄 1 顆、鮑魚菇 1 朵、青椒半顆、筊白筍 1 根
橄欖油少許、碗豆苗少許（裝飾）、起司粉少許、起司絲 15g、蒙特婁香料鹽少許

{ 玉米莎莎 }
蔥花半匙、洋蔥碎 1 匙、玉米粒 3 匙、橄欖油 1 匙、檸檬汁 1 匙、Tabasco 少許

{ 咖啡醬汁 }
A1 醬 3 匙、濃縮咖啡 1 匙半、黃芥末 1 茶匙、番茄醬 1 匙

{ 醃料 }
蒜頭 1 粒、濃縮咖啡 1 茶匙、蒙特婁香料鹽 1 匙、紅椒粉 1 茶匙、義大利綜合香料 1 茶匙

作法

1. 馬鈴薯入氣炸鍋 180℃烤 30 分鐘。牛排入醃料醃製，備用；咖啡醬汁混合均勻，備用。
2. 牛番茄切頭去籽，將起司絲塞入；玉米筍、筊白筍、鮑魚菇、青椒撒上蒙特婁香料鹽調味，加入少許橄欖油攪拌均勻。
3. 將作法 1 的牛排與作法 2 的番茄盅及蔬菜一同入已換上煎烤盤的氣炸鍋，以 200℃烤約 10 分鐘，熟後取出盛盤；青椒切丁，置於番茄盅上，撒少許起司粉。
4. 圓模放在盤中，倒入混和好的玉米莎莎；牛排淋上醬汁，裝飾碗豆苗。

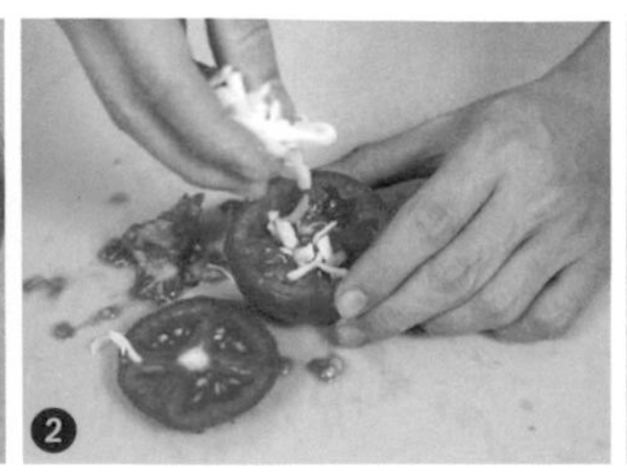

甜點時光

黑糖香蕉蛋糕

時間 20 min → 10 min  溫度 180℃→ 160℃

材料

香蕉 150g、奶油 200g、低筋麵粉 200g、雞蛋 5 顆、肉桂粉 1g、黑糖 200g、泡打粉 5g

作法

1. 奶油以攪拌器打至乳黃色，分次加入黑糖攪拌至均勻。
2. 蛋分次打入作法 1 攪拌均勻後，加進過篩的麵粉與泡打粉，拌至勻。
3. 香蕉刨成泥同肉桂粉加入作法 2 中，以刮刀混合成麵糊；將麵糊倒入模具約 6 分滿；氣炸鍋以 180℃預熱 5 分鐘。
4. 裝好麵糊的模具入氣炸鍋，先以 180℃烤 20 分鐘，再以 160℃烤 10 分鐘，時間到後，脫模放涼。

1

2

3

4

甜點時光

地瓜橄欖佛卡夏麵包

時間 30 min → 8 min　溫度 170℃→ 180℃

材料

中筋麵粉 800g、低筋麵粉 200g、酵母 15g、海鹽 10g、溫水 300cc、全脂牛奶 300g
地瓜泥 380g、橄欖油 80cc、橄欖適量、茴香籽適量、起司粉適量

作法

1. 地瓜撒少許糖，入氣炸鍋以 170℃烤 30 分鐘，時間到後，取地瓜肉壓成泥狀。
2. 製作麵團：酵母與溫水混合，依序倒入麵粉、牛奶、海鹽、地瓜泥，混合成麵團後，加入橄欖油將麵團打至光滑。
3. 麵團進行第一次發酵（約 30 分鐘），發酵完成進行分割，分成 200g ／ 1 個，每塊小麵團滾圓，再靜置 10 分鐘做中間鬆弛。
4. 作法 3 鬆弛完畢的麵團再次滾圓整型，利用手指戳成圓餅形狀，撒上茴香籽與橄欖，進行最後發酵（約 1 小時）。
5. 氣炸鍋以 200℃預熱 5 分鐘。取作法 4 發酵好的麵團，噴上橄欖油、撒起司粉，入氣炸鍋以 180℃烤 8 分鐘。

1

2

3

4

甜點時光

蕉香棉花糖烤餅

時間 6 min　溫度 180℃

材料

墨西哥捲餅 1 張、冰淇淋 1 球、堅果 20g、香蕉半根、棉花糖適量、薄荷葉 1 片
巧克力醬少許、糖粉適量

作法

1. 香蕉切片，擺於墨西哥捲餅上，再撒棉花糖，淋巧克力醬。
2. 作法 1 入氣炸鍋，以 180℃烤 6 分鐘。
3. 時間到後，把烤餅放入盤中，再淋一次巧克力醬，撒上堅果、糖粉後，放一球冰淇淋，點綴薄荷葉。

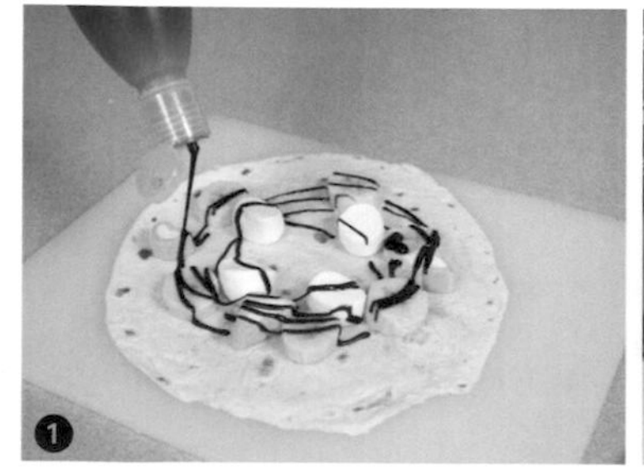
1

2

3

甜點時光

珍珠奶香蜜糖吐司

時間 3 min　溫度 180℃

材料

丹麥吐司 1 個、草莓 4 顆、芒果 1 顆、粉圓少許、草莓果醬少許、鮮奶油適量、薄荷葉 1 片

{ 珍珠奶茶醬 }

牛奶 500g、糖 125g、香草莢 1 根、蛋黃 4 顆、玉米粉 40g、紅茶包 1 包

作法

1. 製作珍珠奶茶醬：牛奶與香草莢、紅茶包同煮至滾，關火，取出香草莢、紅茶包，備用。蛋黃與糖以攪拌器打發，加入玉米粉攪拌均勻。
2. 將作法 1 的蛋黃糊倒入煮好的牛奶，攪拌均勻後再次加熱，煮至濃稠（約 1 分鐘），完成後倒入容器鋪平，冷藏約 30 分鐘，放入擠花袋備用。
3. 草莓切對半，芒果去皮切丁；丹麥吐司切去上端後挖空，同取出的麵包塊入氣炸鍋以 180℃烤 3 分鐘。
4. 烤好後，將挖出的麵包塊裝回，以作法 2 的珍珠奶茶醬及鮮奶油擠花點綴在吐司上緣，再放草莓、芒果，在鮮奶油上裝飾薄荷葉，淋草莓果醬。
5. 取少許珍珠奶茶醬，用湯匙淋盤，再放上粉圓搭配食用。

1

2

3

4

健康氣炸鍋的星級料理

作　　者　陳秉文
攝　　影　楊志雄

發 行 人　程安琪
總 策 畫　程顯灝
總 編 輯　呂增娣
主　　編　徐詩淵
編　　輯　鐘宜芳、吳雅芳
美術主編　劉錦堂
美術編輯　吳靖玟、劉庭安
行銷總監　呂增慧
資深行銷　謝儀方、吳孟蓉

發 行 部　侯莉莉
財 務 部　許麗娟、陳美齡
印　　務　許丁財
出 版 者　橘子文化事業有限公司

總 代 理　三友圖書有限公司
地　　址　106台北市安和路2段213號4樓
電　　話　(02) 2377-4155
傳　　真　(02) 2377-4355
E－mail　service@sanyau.com.tw
郵政劃撥　05844889 三友圖書有限公司

總 經 銷　大和書報圖書股份有限公司
地　　址　新北市新莊區五工五路2號
電　　話　(02) 8990-2588
傳　　真　(02) 2299-7900

製　　版　興旺彩色印刷製版有限公司
印　　刷　鴻海科技印刷股份有限公司

初　　版　2019年7月
定　　價　新臺幣300元
ＩＳＢＮ　978-986-364-146-9（平裝）

特別感謝場地贊助
三商美福家具股份有限公司

地址：　　縣/市　　鄉/鎮/市/區　　路/街

段　巷　弄　號　樓

廣　告　回　函
台北郵局登記證
台北廣字第2780號

SANYAU

三友圖書有限公司 收

SANYAU PUBLISHING CO., LTD.

106　台北市安和路2段213號4樓

「填妥本回函，寄回本社」，
即可免費獲得好好刊。

\ 粉絲招募歡迎加入 /

臉書／痞客邦搜尋
「四塊玉文創／橘子文化／食為天文創
三友圖書——微胖男女編輯社」
加入將優先得到出版社提供的相關
優惠、新書活動等好康訊息。

【黏貼處】對折後寄回，謝謝。

親愛的讀者：

感謝您購買《健康氣炸鍋的星級料理》一書，為感謝您對本書的支持與愛護，只要填妥本回函，並寄回本社，即可成為三友圖書會員，將定期提供新書資訊及各種優惠給您。

姓名＿＿＿＿＿＿＿＿＿＿＿＿＿ 出生年月日＿＿＿＿＿＿＿＿＿＿＿＿＿

電話＿＿＿＿＿＿＿＿＿＿＿＿＿ E-mail＿＿＿＿＿＿＿＿＿＿＿＿＿

通訊地址＿＿＿＿＿＿＿＿＿＿＿＿＿＿＿＿＿＿＿＿＿＿＿＿＿＿

臉書帳號＿＿＿＿＿＿＿＿＿＿＿＿＿＿＿＿＿＿＿＿＿＿＿＿＿＿

部落格名稱＿＿＿＿＿＿＿＿＿＿＿＿＿＿＿＿＿＿＿＿＿＿＿＿＿

1 年齡
□ 18 歲以下 □ 19 歲～ 25 歲 □ 26 歲～ 35 歲 □ 36 歲～ 45 歲 □ 46 歲～ 55 歲
□ 56 歲～ 65 歲 □ 66 歲～ 75 歲 □ 76 歲～ 85 歲 □ 86 歲以上

2 職業
□軍公教 □工 □商 □自由業 □服務業 □農林漁牧業 □家管 □學生
□其他＿＿＿＿＿＿＿＿＿＿＿＿＿＿＿＿＿＿＿＿＿＿＿＿＿＿

3 您從何處購得本書？
□博客來 □金石堂網書 □讀冊 □誠品網書 □其他＿＿＿＿＿＿＿＿＿＿
□實體書店＿＿＿＿＿＿＿＿＿＿＿＿＿＿＿＿＿＿＿＿＿＿＿＿

4 您從何處得知本書？
□博客來 □金石堂網書 □讀冊 □誠品網書 □其他＿＿＿＿＿＿＿＿＿＿
□實體書店＿＿＿＿＿＿＿
□ FB（四塊玉文創／橘子文化／食為天文創 三友圖書──微胖男女編輯社）
□好好刊（雙月刊） □朋友推薦 □廣播媒體

5 您購買本書的因素有哪些？（可複選）
□作者 □內容 □圖片 □版面編排 □其他＿＿＿＿＿＿＿＿＿＿＿＿＿＿

6 您覺得本書的封面設計如何？
□非常滿意 □滿意 □普通 □很差 □其他＿＿＿＿＿＿＿＿＿＿＿＿＿＿

7 非常感謝您購買此書，您還對哪些主題有興趣？（可複選）
□中西食譜 □點心烘焙 □飲品類 □旅遊 □養生保健 □瘦身美妝 □手作 □寵物
□商業理財 □心靈療癒 □小說 □其他＿＿＿＿＿＿＿＿＿＿＿＿＿＿

8 您每個月的購書預算為多少金額？
□ 1,000 元以下 □ 1,001 ～ 2,000 元 □ 2,001 ～ 3,000 元 □ 3,001 ～ 4,000 元
□ 4,001 ～ 5,000 元 □ 5,001 元以上

9 若出版的書籍搭配贈品活動，您比較喜歡哪一類型的贈品？（可選 2 種）
□食品調味類 □鍋具類 □家電用品類 □書籍類 □生活用品類 □ DIY 手作類
□交通票券類 □展演活動票券類 □其他＿＿＿＿＿＿＿＿＿＿＿＿＿＿

10 您認為本書尚需改進之處？以及對我們的意見？

＿＿＿＿＿＿＿＿＿＿＿＿＿＿＿＿＿＿＿＿＿＿＿＿＿＿＿＿＿＿

感謝您的填寫，

您寶貴的建議是我們進步的動力！

【黏貼處】對折後寄回，謝謝。